ISW Forschung und Praxis

Berichte aus dem Institut für Steuerungstechnik
der Werkzeugmaschinen und Fertigungseinrichtungen
der Universität Stuttgart

Herausgeber: Prof. Dr.-Ing. G. Pritschow

Band 78

Karl-Heinz Kayser

Kollisionserkennung in numerischen Steuerungen mit der Distanzfeldmethode

Springer-Verlag
Berlin Heidelberg New York
London Paris Tokyo 1989

D 93

Mit 47 Abbildungen

ISBN-13:978-3-540-51078-9   e-ISBN-13:978-3-642-83767-8
DOI: 10.1007/978-3-642-83767-8

Gesamtherstellung: Druckerei Kuhnle, Esslingen
2362/3020-543210

Geleitwort des Herausgebers

In der Reihe „ISW Forschung und Praxis" wird fortlaufend über Forschungs-
ergebnisse des Instituts für Steuerungstechnik der Werkzeugmaschinen und
Fertigungseinrichtungen der Universität Stuttgart (ISW) berichtet, das sich in
vielfältiger Form mit der Weiterentwicklung des Systems Werkzeugmaschine
und anderer Fertigungseinrichtungen beschäftigt. Die Arbeiten dieses Instituts
konzentrieren sich im besonderen auf die Bereiche Numerische Steuerungen,
Prozeßrechnereinsatz in der Fertigung, Industrierobotertechnik sowie Meß-,
Regel- und Antriebssysteme, also auf die aktuellsten Bereiche der Fertigungstechnik. Dabei stehen Grundlagenforschung und anwenderorientierte
Entwicklung in einem stetigen Austausch, wodurch ein ständiger Technologie-
transfer zur Praxis sichergestellt wird.

Die Buchreihe erscheint in zwangloser Folge und stützt sich auf Berichte über
abgeschlossene Forschungsarbeiten und Dissertationen. Sie soll dem Inge-
nieur bei der Weiterbildung dienen und ihm Hilfestellungen zur Lösung spezifi-
scher Probleme geben. Für den Studierenden bietet sie eine Möglichkeit zur
Wissensvertiefung. Sie bleibt damit unter erweitertem Namen und neuer Her-
ausgeberschaft unverändert in der bewährten Konzeption, die ihr der Gründer
des ISW, der leider allzu früh verstorbene Prof. Dr.-Ing. G. Stute, im Jahre 1972
gegeben hat.

Der Herausgeber dankt der Druckerei für die drucktechnische Betreuung und
dem Springer Verlag für Aufnahme der Reihe in sein Lieferprogramm.

G. Pritschow

<u>**Vorwort**</u>

Die vorliegende Arbeit entstand während meiner Tätigkeit als wissenschaftlicher Mitarbeiter am Institut für Steuerungstechnik der Werkzeugmaschinen und Fertigungseinrichtungen der Universität Stuttgart.

Dem Institutsleiter, Herrn Prof. Dr.-Ing. G. Pritschow gilt mein besonderer Dank für das Interesse an der Arbeit und für die hilfreichen Anregungen die zum Gelingen der Arbeit beigetragen haben. Ebenso danke ich Herrn Prof. Dr.-Ing. G. Duelen für seine Bereitschaft den Mitbericht zu übernehmen.

Für seine Unterstützung möchte ich Herrn Prof. Dr.-Ing. A. Storr danken sowie Herrn Dr.-Ing. B. Walker für die vielen hilfreichen Hinweise und die Durchsicht der Arbeit. Für die zahlreichen Diskussionen im Kollegenkreis möchte ich mich insbesondere bei den Herren Dr.-Ing. D. Scheifele und Dipl.-Ing. W. Kugler bedanken.

Allen Mitarbeiterinnen, Mitarbeitern und Studenten des Instituts danke ich für die fruchtbare Zusammenarbeit und für die gemeinsam verbrachte, schöne Institutszeit.

Karl-Heinz Kayser

Inhaltsverzeichnis

Abkürzungen

B-REP	Boundary Representation
BSP	Binary Space Partitioning
C	Programmiersprache
CAD	Computer Aided Design
CSG	Constructive Solid Geometry
FIFO	First In First Out - Speicher
NC	Numerische Steuerung (Numerical Control)
2D	Zweidimensional
3D	Dreidimensional

Symbole und Formelzeichen

A, dA	Fläche, gerichtetes Flächenelement
a_0, a_1, ...	Gleichungskoeffizienten
$\mathbf{A}$, a_{11} ... a_{33}	Koeffizientenmatrix, Elemente der Matrix $\mathbf{A}$
$\mathbf{a}$, a_1 ... a_3	Koeffizientenspaltenvektor, Elemente des Vektors $\mathbf{a}$
$\mathbf{a}^T$	Transponierter Vektor $\mathbf{a}$
$\mathbf{c}$	Integrationsweg
d	Distanz, Distanzfeld
div	Vektoroperator: Divergenz
$\mathbf{e}$, e_{x1} ... e_{x3}	Distanzänderungsfeld, Komponenten des Vektors $\mathbf{e}$
F1, F2	Fläche 1, 2
F_r	Relativer Fehler
grad	Gradient, Richtungsableitung
IP I, IP II	Interpretationsvorschrift I, II
i, j, k, l	Laufvariablen, Indizes
k, k_{min}	Kollisionsfeld, Minimum des Kollisionsfeldes
M1, M2	Mantelfläche 1, 2
min [a,b]	Minimum von a, b
rot	Vektoroperator: Rotation
S1, S2, ...	Schnittstelle 1, 2 ...
s	Weg, Weglänge
s_i	Stützstelle i auf Weg s
$d\mathbf{s}$	Wegelement

$t_{ü}$	Überwachungszeit
t_v	Verzögerungszeit
V, dV	Volumen, Volumenelement
u, v	Flächenparameter
X-, Z-, V-, A-	Numerisch gesteuerte Achsen einer Wälzfräsmaschine
x, $x_1 \ldots x_3$	Raumpunkt, Koordinaten des Raumpunktes x
x^T	Transponierter Vektor x
0	Nullvektor
$\vee$	Vereinigungsmenge
$\wedge$	Schnittmenge

Einheiten

bit	binary digit
m	Meter
mm	Millimeter
µm	Mikrometer
ms	Millisekunde
min	Minute
ppm	Parts Per Millions

1   <u>Einleitung</u>

Der Trend im Fertigungsbereich zu immer kleineren Losgrößen fordert eine Flexibilität in allen Teilgebieten der Fertigungstechnik. Dies führt u.a. zu komplizierten Konstruktionen von Fertigungseinrichtungen mit komplizierten kinematischen Abläufen /1/. Mit der Komplexität der Maschine steigt aber auch die Gefahr von Kollisionen mit all ihren Auswirkungen wie Zerstörung oder Beschädigung von Werkzeugen, Werkstücken, Maschinenteilen und Zuführeinrichtungen. Dadurch werden vermeidbare Kosten verursacht, die zum einen durch Reparatur und Erneuerung der beschädigten Teile, aber auch durch die dadurch bedingten, und zum Teil sehr hohen Ausfallzeiten, anfallen. Das gilt insbesondere dann, wenn eine beschädigte Fertigungseinrichtung Bestandteil innerhalb eines verketteten Systems ist.

Die Komplexität von solchen Fertigungseinrichtungen /2/ stellt hohe Anforderungen an den Maschinenbediener und den Programmierer, so daß sich auch steigende Kosten für die Programmierung sowie, bedingt durch längere Rüstzeiten, für das "Einfahren" eines Teileprogramms ergeben. Desweiteren kann davon ausgegangen werden, daß die Kenntnis über die Folgen von Kollisionen beim Personal eine Hemmschwelle derart darstellt, daß die Möglichkeiten moderner Maschinen (z.B. Mehrwerkzeugbearbeitung) nicht im verfügbaren Maße ausgeschöpft werden. Durch diese u. U. unwirtschaftliche Nutzung teurer Fertigungsanlagen entstehen weitere, schwerwiegende Kosten.

Eine Einrichtung zur Vermeidung von Kollisionen stellt demnach ein effektives Werkzeug dar, um die Wirtschaftlichkeit von Fertigungseinrichtungen zu erhöhen.

Die Ursachen von Kollisionen sind vielfältig und erstrecken sich über die gesamte Verfahrenskette von der Planung und Programmierung bis zur Fertigung, zum Transport und zur Montage eines Teiles.
Die möglichen Einsatzorte für eine Kollisionsüberwachung können in maschinenfern (z.B. im Programmiersystem) und maschinennah (z.B. in der Maschinensteuerung) unterteilt werden. Aus Kostengründen ist ein Fehler,

der zur Kollision führt, möglichst früh zu erkennen, so daß eine Überwachung vor allem bei der Programmerstellung /3/ bereits maschinenfern in der Arbeitsvorbereitung durchzuführen ist. Letztendlich sind alle Informationen für eine umfassende Kollisionsüberwachung erst am Ende der Verfahrenskette, nämlich an der Fertigungseinrichtung, vorhanden.

Nach Untersuchungen /4/ sind rund 85% der Kollisionsfälle durch maschinennahe Kollisionsursachen begründet. Aber gerade diese Kollisionsursachen stellen, bedingt durch rauhe Umgebungsbedingungen und geringen Rechenleistung bei gleichzeitig zu erfüllender Echtzeitfähigkeit, hohe Anforderungen an eine Einrichtung zur Kollisionsüberwachung. Ziel dieser Arbeit ist es, ein Verfahren zu entwickeln, das zum Einsatz an der Fertigungseinrichtung geeignet ist.

2   Analyse der Kollisionsproblematik

2.1   Einführung und Begriffe

2.1.1   Wirkungskette einer Kollision

Verfolgt man die Wirkungskette einer Kollision (Bild 2.1), dann steht zu Beginn dieser Kette die Kollisionsursache (z.B. die Fehlbedienung einer Maschine). Sie hat im Zusammenwirken mit dem technischen Prozeß, d.h. durch die Verfahrbewegung an der realen Maschinenachsen, die eigentliche Kollision zur Folge. Das Ergebnis der Kollision ist i. a. eine Zerstörung oder Beschädigung von Werkzeugen, Werkstücken oder anderen Teilen einer Fertigungseinrichtung. Eine Kollisionsüberwachung hat zur Aufgabe, Kollisionen und deren Auswirkungen zu vermeiden. Im folgenden sollen die einzelnen Punkte der Wirkungskette näher untersucht werden.

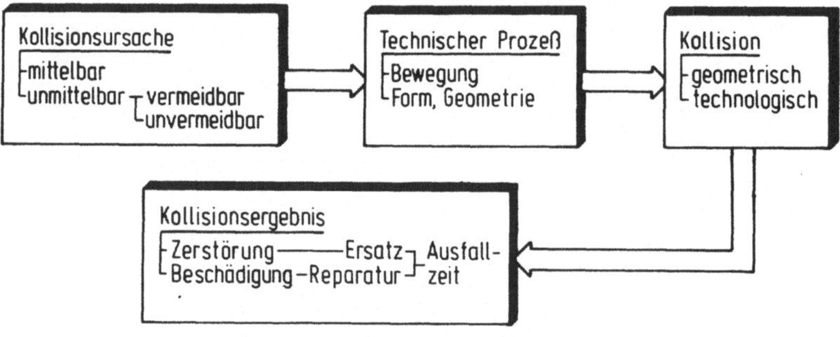

Bild 2.1:   Wirkungskette einer Kollision

a) Kollisionsursachen:
Die Kollisionen an Fertigungseinrichtungen können auf eine der folgenden Ursachen zurückgeführt werden:

- fehlerhafte Steuerdaten (z.B. fehlerhafte NC-Programme, falsche Werkzeugkorrekturwerte),

- fehlerhafte Bedienung (z.B. falscher Fahrbefehl im Handbetrieb),

- falsches Einrichten (z.B. falsche Aufspannvorrichtung, falsche Werkzeugmagazinbelegung, falsche Korrekturwerte, falsches Werkstück),

- falsche Synchronisation bei unabhängigen Prozeßabläufen (z.B. Werkstückaustausch in der Maschine),

- systematische Kollisionsursache (z.B. Doppelrobotersystem),

- Fehler in den Systemprogrammen einer numerischen Steuerung,

- Defekte oder Ausfälle in der Gerätetechnik.

Das Erkennen von Kollisionen aufgrund der beiden zuletzt genannten Ursachen hat keinen Einfluß auf die eigentlichen Funktionen einer Kollisionsüberwachungseinrichtung und deren Realisierung. Vielmehr ist die geräte- und programmtechnische Integration einer Kollisionsüberwachungseinrichtung in ein Gesamtsystem, sowie die Bereitstellung von geräte- und programmtechnischer Redundanz, für eine Erfassung dieser beiden genannten Kollisionsursachen entscheidend. Deshalb erfolgt eine explizite Berücksichtigung solcher Ursachen bei der zu betrachtenden Kollisionsüberwachung nicht mehr.

Analysiert man die Kollisionsursachen, dann kann eine Unterteilung in

- mittelbare und
- unmittelbare

Ursachen erfolgen, wobei die Unmittelbaren weiter in

- vermeidbare und
- unvermeidbare

Ursachen unterteilt werden (Tabelle 2.1).

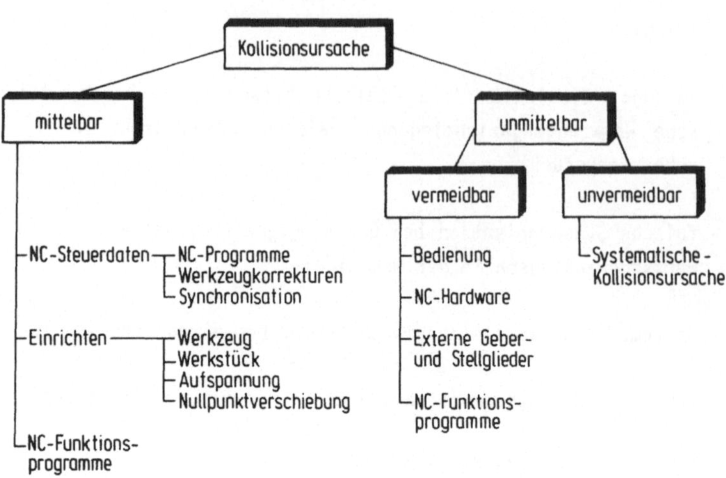

Tabelle 2.1:   Kollisionsursachen in einer numerischen Steuerung

Mittelbare Kollisionsursachen stellen z.B. Fehler in den NC-Steuerdaten dar, die bei der Programmierung entstehen. Ein Fehler führt aber erst dann zur Kollision, wenn das NC-Programm auf der Maschine abläuft. **Unmittelbare Kollisionsursachen**, wie sie z.B. die Fehlbedienung einer Maschine darstellt, führen mit ihrer Entstehung während des Prozeßablaufs unmittelbar zur Kollision. Geht man davon aus, daß Ausfälle der Gerätetechnik zufällig sind, dann stellen diese ebenfalls unmittelbare Kollisionsursachen dar. Dagegen ist eine eindeutige Zuordnung der Kollisionsursachen aufgrund fehlerhafter Funktionsprogramme der numerischen Steuerung nicht möglich. So ist eine fehlerhafte Korrekturberechnung rechtzeitig festzustellen, ohne die Antriebe der Maschine zu bewegen, während eine fehlerhafte Lageregelung beim praktischen Einsatz einer Fertigungseinrichtung nur beim Verfahren der Maschinenachsen festzustellen ist und damit den Charakter einer unmittelbaren Kollisionsursache hat.

Vermeidbare Kollisionsursachen sind solche, die im regulären und erwünschten Betrieb einer Fertigungseinrichtung nicht vorkommen. Dagegen sind **unvermeidbare Kollisionsursachen** systembedingt auch im regulären Betrieb gegeben. Eine solche Fertigungseinrichtung ist ohne eine, wenn auch triviale, Kollisionsüberwachungseinrichtung nicht betreibbar. Ein typisches Beispiel hierfür stellt eine Gerätekonfiguration mit zwei Handhabungssystemen mit sich überschneidenden Arbeitsräumen dar. Eine unvermeidbare, unmittelbare Kollisionsursache ist dann gegeben, wenn die Bewegung der Handhabungsgeräte unsynchronisierbar ist, weil jede Einzelbewegung z.B. durch einen in der zeitlichen Abfolge willkürlichen Teilefluß initiiert wird.

In /4/ wurde die Häufigkeit von Kollisionen an Werkzeugmaschinen untersucht, wobei nach obiger Definition ausschließlich vermeidbare Kollisionsursachen betrachtet wurden. Berücksichtigt man diese Häufigkeit, dann läßt sich die in Bild 2.2 dargestellte Häufigkeitsverteilung der vermeidbaren Kollisionsursachen ableiten.

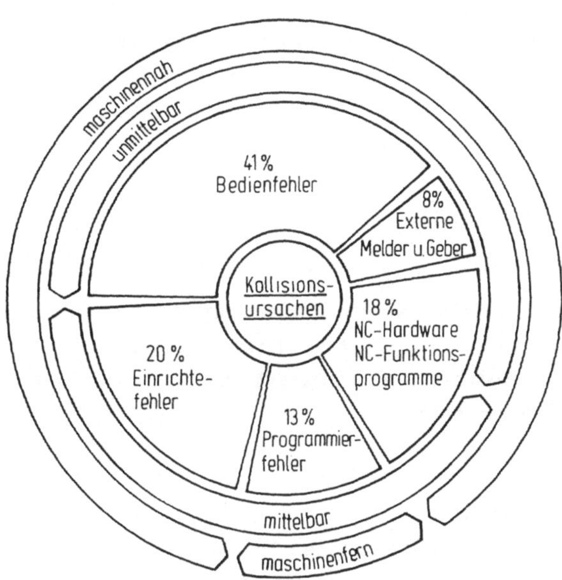

Bild 2.2: Häufigkeitsverteilung von vermeidbaren Kollisionsursachen bei Werkzeugmaschinen nach /4/

Es ist zu erkennen, daß die unmittelbaren und vermeidbaren Kollisionsursachen einen Großteil der Ursachen darstellen. Desweiteren ist zu berücksichtigen, daß mit zunehmendem Automatisierungsgrad auch die Komplexität und die Anforderungen an die Flexibilät von Fertigungseinrichtungen zunehmen. Dadurch entstehen Anlagen mit automatisierter Werkstück- , Werkzeug- oder auch Vorrichtungshandhabung und solche bei denen die Fertigung oder Montage durch mehrere unabhängige parallele Bewegungsabläufe erfolgt. Dies hat zur Folge, daß der in Bild 2.2 noch nicht berücksichtigte Anteil systembedingter, also unmittelbarer unvermeidbarer Kollisionsursachen, zunehmen wird.

b) Kollisionen:

Als Kollision an einer Fertigungseinrichtung wird die ungewollte Durchdringung zweier Körper verstanden /5/. Eine Durchdringung liegt dann vor, wenn sich zum gleichen Zeitpunkt mindestens ein Punkt jedes Körpers am gleichen Ort befindet.

Die Bearbeitung eines Werkstückes stellt eine gewollte Durchdringung dar, aber nur dann, wenn technologische Grenzwerte wie Schnittgeschwindigkeit, Schnittkraft o.ä. nicht überschritten werden. Es soll deshalb in

- geometrische   und
- technologische

Kollisionen unterschieden werden. Technologische Kollisionen treten also nur bei einer Bearbeitung zwischen Werkzeugschneide und Werkstück auf. Eine Kollision zwischen Werkzeugschaft und Werkstück ist dagegen als geometrisch zu bezeichnen.

c) Kollisionsergebnis:

Die Folgen von Kollisionen an einer Fertigungseinrichtung sind die Beschädigung oder Zerstörung von Maschinenteilen in dem Sinne, daß die defekten Teile repariert oder ausgetauscht werden müssen. Betrachtet man die Bearbeitung eines Werkstückes, dann wird auch häufig dann von Kollision gesprochen, wenn die Bearbeitung geometrisch und technologisch kollisionsfrei ist, aber die gewünschte Sollkontur eines Werkstücks, z.B. wegen Nachschneidens, zerstört wurde. Die Überwachung der Sollkontur kann aber auf eine geometrische Kollision zurückgeführt werden und wird deshalb im folgenden nicht mehr gesondert berücksichtigt.

2.1.2   Prinzip der Kollisionsüberwachung

In Bild 2.3 ist das prinzipielle Vorgehen bei der Kollisionsüberwachung dargestellt. Dazu werden alle möglichen Kollisionsfälle auf gegenseitige Kollision geprüft (**Kollisionserkennung**). Als **Kollisionsfall** ist die durch eine Kollisionsursache hervorgerufene mögliche Kollision zwischen zwei Körpern (z.B. Maschinenteilen) bei einem betrachteten Problem zu verstehen. So hat ein Fehler in einem Bearbeitungsprogramm auf verschiedenen Werkzeugmaschinen, die sich nur durch die Art ihrer Aufspannvorrichtungen unterscheiden, auch unterschiedliche Kollisionsfälle zur Folge.

Das Ergebnis der Kollisionserkennung ist die **Kollisionsmeldung**, die in der **Kollisionsauswertung** eine Reaktion erzeugt. Die Auswertung kann durch den Menschen erfolgen, der seinerseits auf den technischen Prozeß einwirkt, um die Kollision zu vermeiden und/oder die Kollisionsursache beseitigt. Eine automatische Kollisionsauswertung reagiert im einfachsten Fall mit dem Anhalten des technischen Prozesses oder ermittelt Ausweichstrategien, so daß der technische Prozeß nicht unterbrochen werden muß. Eine automatische Beseitigung von vermeidbaren Kollisionsursachen wäre z.B. durch die automatische Korrektur von NC-Steuerdaten gegeben.

Ansatzpunkte für die Integration und den Einsatz einer Kollisionsüberwachungseinrichtung sind aus Gründen der Wirtschaftlichkeit immer am Entstehungsort einer Kollisionsursache zu wählen. Bei fehlerhaften NC-Steuerdaten (mittelbare Kollisionsursachen) ist dies das Programmiersystem bei Werkstattprogrammierung die numerische Steuerung. Dabei erfolgt die Überwachung unabhängig (Off-line) vom eigentlich kollisionsgefährdeten Prozeß. Dagegen erfordert eine Überwachung von Kollisionen aufgrund unmittelbarer Kollisionsursachen eine Kopplung an den zu überwachenden Prozeß. Es soll daher in

- On-line- und
- Off-line-Kollisionsüberwachung

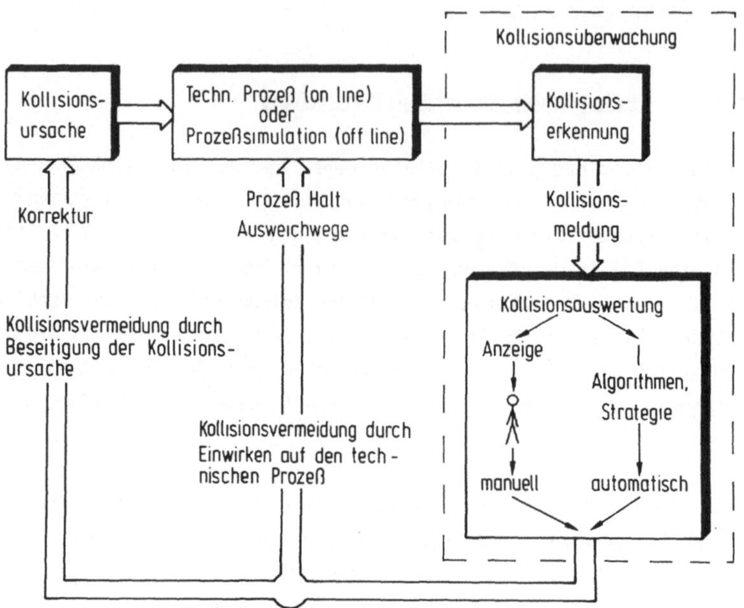

Bild 2.3:   Prinzip einer Kollisionsüberwachung

unterschieden werden. In der betrieblichen Praxis wird sich jedoch auch für bestimmte mittelbare Kollisionsursachen der Einsatz einer On-line-Kollisionsüberwachung als günstig erweisen. Fehler, die beim Einrichten der Maschine entstehen, z.B. durch falsche Werkzeugbelegung, bedingen bei der theoretisch möglichen Off-line-Kollisionsüberwachung immer einen Stillstand der im Prinzip gerüsteten Maschine. Bei einer On-line-Kollisionsüberwachung würden dagegen nur im Fehlerfall zusätzliche Rüstzeiten entstehen.

2.2   Aufgaben und Anforderungen an eine Kollisionsüberwachung

Durch die zu erfassenden Kollisionsursachen wird die Aufgabe einer Kollisionsüberwachung wesentlich bestimmt. Grundvoraussetzung jeder Kollisionsauswertung ist das sichere und frühzeitige **Erkennen** aller drohenden

Kollisionen. Von der Kollisionserkennung sind deshalb Anforderungen an die Aussagefähigkeit und Erkennungszeit zu erfüllen. Dazu sind möglichst alle Kollisionsursachen zu erfassen. Der Begriff Aussagefähigkeit beinhaltet in diesem Zusammenhang zum einen das sichere Erkennen von Kollisionen, andererseits darf der reguläre Betrieb einer Fertigungseinrichtung durch eine zu "vorsichtige" Kollisionserkennung nicht beeinträchtigt werden. Der Zeitpunkt der Kollisionserkennung muß dabei genügend weit vor der realen Kollision im technischen Prozeß liegen, so daß von der Kollisionsauswertung noch wirksame Maßnahmen zu deren Verhinderung durchgeführt werden können.

Die Qualität und Effizienz der Kollisionsauswertung ist im starken Maße vom Inhalt und Detaillierungsgrad der Kollisionsmeldung abhängig. Darum sind weitere Anforderungen an die Kollisionserkennung bezüglich des Inhalts der Kollisionsmeldung festzulegen. Hinzu kommen Anforderungen, die bei einer konkreten Realisierung zu berücksichtigen sind. Darunter sind Randbedingungen zu verstehen wie geräte- und programmtechnischer Aufwand, Breite der Einsatzmöglichkeiten (maschinennah, maschinenfern) und Anwendungsspektrum d.h. keine Einschränkungen bezüglich des Bearbeitungsverfahrens und der Maschinenkinematik.

Die genannten Anforderungen (Aussagefähigkeit, Zeit, Informationsgehalt der Kollisionsmeldung, Realisierung) sind in Tabelle 2.2 zusammengefaßt dargestellt.

Die Aufgabe der **Kollisionsauswertung** ist die Verarbeitung der Kollisionsmeldung und die rechtzeitige Verhinderung vorhergesehener Kollisionen. Dafür kann eine Aufzählung von Aufgaben mit steigendem Komfort und Realisierungsaufwand festgelegt werden.

- Anzeigen einer festgestellten Kollision (**Anzeige**)

- Anhalten des technischen Prozesses bei erkannter Kollision mit evt. Zusatzinformationen und Maßnahmen, die ein "Freifahren", z.B. bei einem sich im Eingriff befindenden Werkzeug, unterstützen (**Prozeß Halt**)

- Bestimmung von Ausweichwegen und Beeinflussung des technischen Prozesses ohne den regulären Betrieb zu beeinträchtigen **(Ausweichstrategie)**

- Automatische Beseitigung der Kollisionsursache **(Fehlerbeseitigung)**

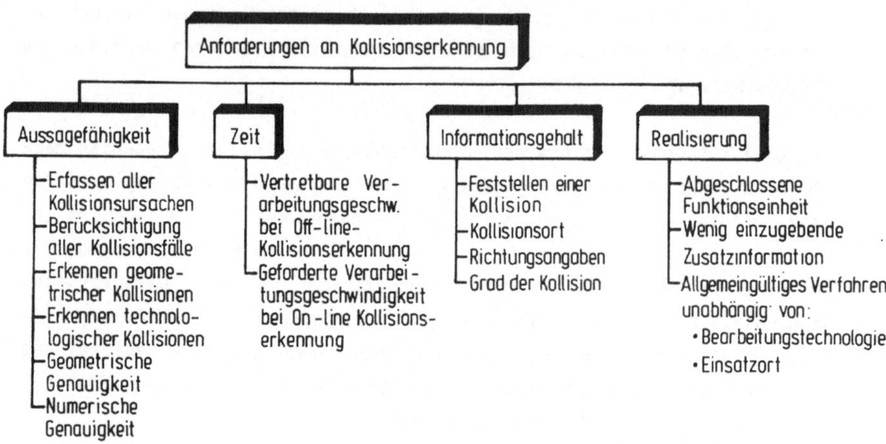

Tabelle 2.2:   Anforderungen an eine Kollisionserkennung

Die Auswahl eines Verfahrens zur Kollisionserkennung und zur Kollisionsauswertung, sowie die Realisierung und der Implementierungsort der Kollisionsüberwachungsfunktion, sind von der Art der zu erfassenden Kollisionsursachen abhängig. In Tabelle 2.3 erfolgt eine Gegenüberstellung der wesentlichen Anforderungen an Kollisionserkennung und Kollisionsauswertung sowie der Kollisionsursachen.

Die dort aufgeführten Anforderungen sind dabei als Mindestanforderungen zu verstehen. Während unvermeidbare Kollisionsursachen, die im regulären Betriebsfall vorkommen, unbedingt einer Bestimmung von Ausweichwegen bedürfen, kann bei vermeidbaren Kollisionsursachen, die im regulären Betrieb nicht vorhanden sein sollen, von geringeren Auftrittswahrscheinlichkeiten ausgegangen werden, so daß ein Anhalten der Fertigungseinrichtung auch aus Wirtschaftlichkeitsgründen akzeptierbar ist.

	Kollisionsursachen		
	mittelbare	unmittelbare	
Anforderungen an:		vermeidbare	unvermeidbare
Kollisionserkennung ├Aussagefähigkeit ├Zeit ├Informationsgehalt └Einsatzort	sicher off-line einfache Aussage maschinenfern/ maschinennah	sicher on-line einfache Aussage maschinennah	sicher on-line weiterführende Info maschinennah
Kollisionsauswertung ├Zeit ├Funktion └Einsatzort	off-line manuell Anzeige maschinenfern/ maschinennah	on-line automatisch Prozeß Halt maschinennah	on-line automatisch Ausweichstrategie maschinennah

Tabelle 2.3:   Gegenüberstellung von Kollisionsursachen und Anforderungen an Kollisionserkennung und Kollisionsauswertung

2.3   Stand der Technik

2.3.1   Prinzipielle Lösungsmöglichkeiten

Die zur Realisierung einer Kollisionsüberwachung möglichen prinzipiellen Verfahren sind

- grafische Simulation,
- Sensorik,
- Kollisionsüberwachung in einem mathematischen Modell.

Grafische Simulation:
Realisierungen grafischer Systeme sind für Programmiersysteme /6,7/ und Numerische Steuerungen /8,9/ bekannt. Auf einer grafischen Anzeigeeinheit werden Werkstück, Werkzeuge und zum Teil weitere Maschinenteile sowie deren Relativbewegung dargestellt. Die Kollisionserkennung und Auswertung erfolgt **ausschließlich** durch den Menschen, der durch Betrachtung der dargestellten Bewegung entscheidet ob sie technologisch sinnvoll und

kollisionsfrei verläuft. Da das Reaktionsvermögen des Menschen nicht ausreichend ist, um bei einer Bearbeitungsdarstellung in Echtzeit, d.h. simultan zum Prozeß, unmittelbare Kollisionsursachen erkennen zu können, sind solche Systeme nur zur Überwachung mittelbarer Kollisionsursachen geeignet. Außerdem erlaubt u.U. das geringe Auflösungsvermögen eines Bildschirmes, sowie die grafische Darstellung räumlicher Kollisionsprobleme auf einer ebenen Bildfläche, nicht immer eine eindeutige Aussage /5,10/. Es sei angemerkt, daß die genannten Realisierungen zur grafischen Ausgabe einfache Modelle z.T. unter Ausnutzung des Bildwiederholspeichers der Bildschirmanschaltung benutzen. Im Gegensatz dazu basieren die als grafische Simulationssysteme bezeichneten Verfahren wie /10,11,12,13/ auf einem rechnerinternen mathematischen Modell, welches außer für die grafische Darstellung auch für Kollisionsbetrachtungen herangezogen wird. Aus der Sicht der Kollisionsproblematik sind deshalb diese Verfahren unter "Kollisionsüberwachung im mathematischen Modell" einzuordnen.

Kollisionsüberwachung durch Einsatz von Sensoren:
Bei diesem Verfahren werden real auftretende, physikalische Größen an Fertigungseinrichtungen gemessen, die dann Aussagen über Kollisionen zulassen. Bekannt sind direkte Verfahren /14,15,16/, bei denen durch konstruktive Maßnahmen wie Sollbruchstellen oder Rutschkupplungen in den Antrieben Beschädigungen vermieden werden sollen oder indirekte Verfahren, die die von geeigneten Sensoren gelieferten Daten verarbeiten. Einfache Sensorsysteme messen z.B. Momente, Ströme oder Schnittkräfte in den Antrieben. Komplexere Systeme wie taktile Sensoren oder optische Kamerasysteme erfassen Entfernungen, Abstände und Durchmesser und werden bei Industrierobotern /17/ und Werkzeugmaschinen /18/ eingesetzt. Sensorsysteme sind geeignet zur On-line-Kollisionsüberwachung. Die direkten Verfahren und die einfachen Sensorsysteme sind zwar leicht und kostengünstig zu realisieren, Kollisionen werden aber nicht vermieden, sondern nur in ihren Auswirkungen gemindert. Aufwendige Sensorsysteme zur Abstandsüberwachung bedingen einen hohen gerätetechnischen Aufwand /17/ und sind z.T. nur zur Überwachung eines begrenzten Umfeldausschnittes geeignet /18/. Optische Sensoren werden außerdem bei der Überwachung einer Bearbeitung in ihrer Funktion durch Umwelteinflüsse wie Späne und Kühlmittel beeinträchtigt.

	Sensorik	Grafische Simulation	Überwachung im mathem Modell
Aussagefähigkeit			
- Erfassen der Kollisionsursachen	●	◐	● *)
- Erfassen der Kollisionsfälle	◐	●	● *)
- Erkennen von Kollisionen	◐	○	●
- Genauigkeit	◐	○	●
Zeit			
- Off-line	○	●	●
- On-line	●	○	●
Informationsgehalt			
- Einfache Aussage	●	○	●
- Richtungsangaben	◐	○	●
- Grad der Kollision	◐	○	●
Realisierung			
- Einzugebende Information	●	◐	○
- Unabhängig von	○	●	●
• Einsatzort			
• Bearbeitungsverfahren			
- Integrierbare Lösung	○	●	●
- Geringe Anforderungen an Gerätetechnik	○	●	◐

○ Anforderungen werden nicht erfüllt
◐ Anforderungen werden teilweise erfüllt
● Anforderungen werden erfüllt
*) Unter der Voraussetzung der Richtigkeit
der Eingangsinformation

Tabelle 2.4: Bewertung prinzipieller Verfahren zur Kollisionsüberwachung

Kollisionsüberwachung im mathematischen Modell:

Bei der mathematischen Kollisionsüberwachung werden die für eine Kollisionsbetrachtung relevanten Informationen der realen Maschine als mathematisches Modell im Rechner nachgebildet. Anhand dieser Modelle können prinzipiell alle möglichen Kollisionsfälle auf Kollision überprüft werden. Diesem Verfahren sind aber bei der praktischen Umsetzung i.a. Grenzen durch die zur Verfügung stehende Rechenleistung und Speicherkapazität gesetzt. Außerdem ist eine Übereinstimmung der Informationen im mathematischen Modell mit den real vorhandenen Gegebenheiten zu gewährleisten. Bisherige Realisierungen haben gezeigt, daß gerade die Eingabe solcher Informationen einen Problembereich darstellt /19/.

In einem ersten Schritt sollen zunächst die Prinzipien der genannten Verfahren auf ihre Eignung zur Kollisionsüberwachung bewertet werden. Anhand der qualitativen Bewertung in Tabelle 2.4 sind für das weitere Vorgehen die mathematischen Verfahren näher zu betrachten.

2.3.2 **Bewertung realisierter mathematischer Verfahren**

Mathematische Kollisionserkennungseinrichtungen sind für einfache, aber auch für komplexe Fertigungsverfahren wie der fünfachsigen Fräsbearbeitung /10,20,21/ und für Industrieroboter /22/ verfügbar. Die genannten Verfahren sind aber für einen Einsatz zur On-line-Kollisionsüberwachung ungeeignet, Echtzeitfähigkeit wäre nur dann zu erreichen, wenn für die Körperbeschreibungen einfachste Geometrien verwendet werden.

Verwirklichte Verfahren zur On-line-Kollisionserkennung beschränken sich auf die Verarbeitung ebener Modelle wie z.B. bei /12,23/ wo Werkstück, Werkzeug und Aufspannvorrichtungen als Polygonzüge rechnerisch dargestellt sind. Damit ist ein Einsatz nur für ausgewählte Fertigungsverfahren wie sie z.B. bei einer Drehbearbeitung von ausschließlich rotationssymmetrischen Werkstücken vorkommt, möglich. Verfahren zur On-line-Kollisionserkennung mit räumlichen mathematischen Modellen beschreiben die realen Körper sehr grob, z.B. durch parallel zum Bezugskoordinatensystem angeordnete Hüllflächen /24/ und sind deshalb ebenfalls nur bedingt einsetzbar. Bei der Körperbeschreibung durch einen Hindernisraum nach /25/ wird zunächst off-line ein zu beschreibender, ortsfester Körper (Werkstück) um einen Hindernisraum erweitert. Dieser Hindernisraum beschreibt alle Raumpunkte, die der Bezugspunkt des beweglichen Körpers (Werkzeug) nicht anfahren darf, ohne daß das Werkzeug mit dem Werkstück kollidiert. Für eine On-line-Kollisionserkennung ist dann lediglich der Bezugspunkt des Werkzeuges auf Überdeckung mit dem Hindernisraum zu überprüfen. Die Bildung eines exakten Hindernisraumes ist aber nur für Werkzeuge möglich die keine rotatorischen Bewegungen ausführen. Damit

beschränkt sich ein Einsatz dieses Verfahrens wiederum auf Bearbeitungsverfahren wie z.B. die einfache Drehbearbeitung. Das für die Kollisionsproblematik zweier oder mehrerer Industrieroboter beschriebene Verfahren
zur Kollisionsvermeidung durch die Berechnung einer Trajektorie /26/ erlaubt neben der On-line-Kollisionserkennung auch die On-line-Bestimmung
von Ausweichwegen. Dieses Verfahren geht von der Voraussetzung aus, daß
eine Kollision immer zwischen zwei ausgesuchten Punkten, z.B. den Be-
zugspunkten der Roboterhände, stattfindet. Damit reduziert sich das Problem der Körperbeschreibung auf die Beschreibung von Punkten und deren
Kollisionserkennung. Die vorgenannten Voraussetzungen erlauben aber keinen Einsatz des Verfahrens, wenn bei der Kollisionsüberwachung die Geometrien von Roboterelementen wie Greifer, Ausleger, Gelenke zu berücksichtigen sind, oder wenn sich komplexe Hindernisse im Arbeitsraum befinden wie z.B. bei Montagearbeiten in Karosserieinnenräumen. Dagegen
werden in /5/ Körpergeometrien durch analytisch beschreibbare, konvexe
Grundkörper wie Quader, Kegel, Zylinder u.s.w. repräsentiert. Für jede
mögliche Kombination von Grundkörpern existieren Kollisionserkennungsalgorithmen, die aber lediglich über die reine Kollisionsfeststellung keine weiteren Informationen für mögliche Ausweichstrategien liefern.

Zusammenfassend kann festgestellt werden, daß existierende mathematische
Verfahren zur mathematischen Off-line-Kollisionserkennung einen hohen
technischen Stand darstellen, während die Lösungen von 2D- On-line-Kollisionserkennung bedingt, und nur für ausgesuchte Bearbeitungsverfahren,
einsetzbar sind. Realisierungen von 3D- On-line-Kollisionserkennung müssen zur Erreichung der Echtzeitfähigkeit große Einschränkungen bei der
Beschreibung der Körpergeometrien machen und sind deshalb nur für grobe
Überwachungsfunktionen einsetzbar oder aufgrund der verwendeten Algorithmik nicht zur Erweiterung für Ausweichstrategien geeignet.

2.4 Zielsetzung

In Abschnitt 2.1.1 wurde bereits dargelegt, daß der größte Teil von Kollisionen an Fertigungseinrichtungen auf unmittelbare Ursachen zurückzuführen ist. Diese sind nur durch On-line-Kollionsüberwachungsfunktionen
zu verhindern. Bild 2.4 gibt eine Übersicht über die möglichen Einsatz-

orte einer mathematischen Kollisionsüberwachung und der damit prinzipiell erfaßbaren Kollisionsursachen. Die mit einer solchen Einrichtung überprüfbaren Kollisionsfälle sind von der am jeweiligen Einsatzort zur Verfügung stehenden Informationen abhängig. Alle Informationen für eine umfassende Kollisionsüberwachung, insbesondere für eine On-line-Kollisionsüberwachung sind nur auf der Ebene der numerischen Steuerung vorhanden. Gegenstand der folgenden Betrachtungen ist deshalb die Kollisionsüberwachung als integrierte Steuerungsfunktion.

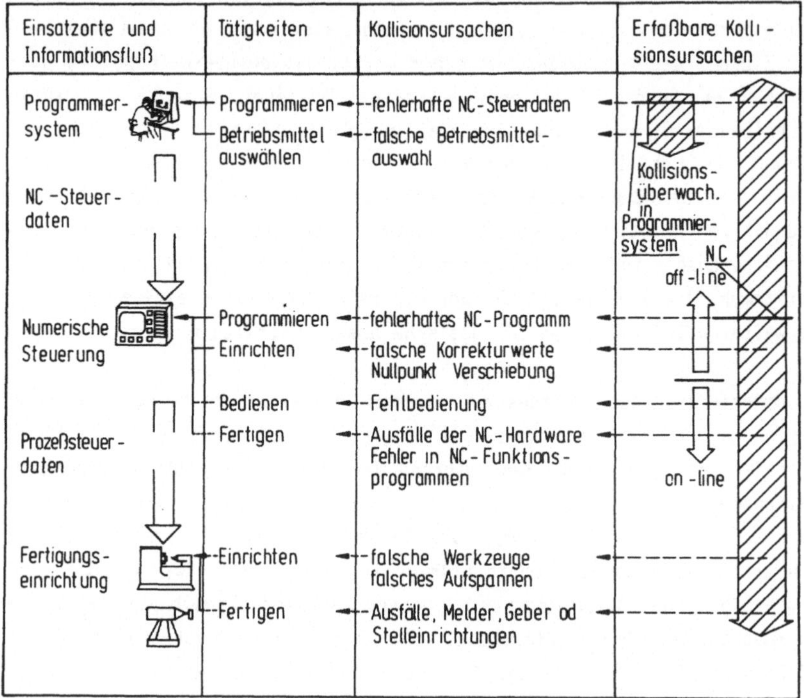

Bild 2.5:   Einsatzorte einer mathematischen Kollisionsüberwachung

Die Gesamtfunktion einer Kollisionsüberwachungseinrichtung ist entscheidend von der Qualität der Kollisionserkennung abhängig. Deshalb ist das Ziel dieser Arbeit die Entwicklung einer Einrichtung zur räumlichen Kollisionsüberwachung nach dem Verfahren der mathematischen Modellbildung.

Die Aufgabe der Kollisionsauswertung soll im Zusammenhang dieser Arbeit nur soweit betrachtet werden wie es für strukturelle Überlegungen zur Integration erforderlich ist. Im Vordergrund soll die Kollisionserkennung und deren Algorithmik stehen. Diese Algorithmen sollen für eine Implementierung auf der Steuerungsgerätetechnik geeignet sein. Weiterführende Strategien, die neben der Algorithmik prinzipiell immer einsetzbar sind, und zum Ziel haben, durch Vermeidung unnötiger Rechenoperation Rechenzeiten einzusparen, sollen nicht berücksichtigt werden. Solche Verfahren sind bekannt in Form der mehrstufigen Kollisionserkennung /5/, wo zunächst durch Beschreibung der Kollisionskörper mittels orthogonaler Hüllquader eine grobe Kollisionserkennung durchgeführt wird, um die Anzahl der sich anschließenden exakten Berechnungen zu reduzieren oder die Bildung konstruktionsbedingter Kollisions- und Bewegungsräume nach /27/, die für eine konkrete Fertigungseinrichtung a priori festlegbar sind, oder die Einführung von Teilungsebenen und deren Abbildung in BSP-Bäumen /10/ (Binary Space Partitioning).

Der Schwerpunkt bei der zu entwickelnden Funktion soll bei der Überwachung geometrischer Kollisionen liegen. Dies läßt sich durch folgende Tatsachen begründen:

- Technologische Kollisionen können z.T. auf geometrische zurückgeführt werden. Kollision während eines Zerspanungsprozesses durch eine zu große Zustelltiefe kann in einem mathematischen Modell z.B. dadurch berücksichtigt werden, daß das Werkzeugmodell in seinen geometrischen Abmessungen um die maximal zulässige Zustelltiefe verkleinert wird.

- Die Großzahl möglicher Kollisionen an einer Fertigungseinrichtung sind verursacht durch unmittelbare Kollisionsursachen (z.B. Fehler im Handbetrieb). Diese Kollisionen repräsentieren aber i.A. geometrische Kollisionen.

- Das Erkennen technologischer Kollisionen wird in zunehemendem Maße in Programmiersystemen bei der Überprüfung der erzeugten NC-Steuerdaten durchgeführt /28/.

Für die zu entwickelnde Kollisionserkennung können folgende Anforderungsschwerpunkte zusammengefaßt werden:

Kollisionserkennung:
- räumlich (3D)
- on-line
- detaillierte Informationen in der Kollisionsmeldung
  zur Auswertung von unmittelbaren, unvermeidbaren Kollisionsursachen

Realisierung:
- Kollisionsüberwachungseinrichtung als abgeschlossene,
  integrierte Steuerungsfunktion
- Implementierung der Algorithmen auf einfacher Gerätetechnik (Mikrorechner)

Da die Erfüllung der gestellten Anforderungen, insbesondere das frühzeitige Erkennen drohender Kollisionen, neben der Wahl geeigneter Algorithmen und mathematischer Verfahren von der Art und Weise der Integration in die numerische Steuerung abhängig ist, ist zunächst die Struktur und Einbindung einer Kollisionsüberwachung in eine NC zu betrachten.

3   Integration einer mathematischen Kollisionsüberwachung in eine numerische Steuerung

Die Betrachtung der Integration einer Kollisionsüberwachung muß hinsichtlich

- der Funktion,
- der vorhandenen und bereitzustellenden Daten und
- der Realisierung,

d.h. hinsichtlich der verfügbaren Programm- und Gerätetechnik erfolgen. Es sind Lösungswege für die Einbindung in den Datenfluß und in die Funktionalität der NC zu diskutieren. Daraus sind Strukturen für die Realisierung einer mathematischen Kollisionsüberwachung ableitbar.

3.1   Funktionale Integration

Die in einer NC zur Auswahl stehenden Hauptbetriebsarten sind üblicherweise:

- Daten-Ein-Ausgabe,
- Automatikbetrieb   und
- Handbetrieb.

Eine Kollisionsüberwachung während der Daten- Ein-Ausgabe ist im praktischen Betrieb nur für die Programmierung, d.h. während der NC- Programmerstellung sinnvoll. Die Programmierung einer numerischen Steuerung erfolgt i.a. NC-satzweise nach DIN 66025. In Bild 3.1 ist das Vorgehen bei der Kollisionsüberwachung während der Programmierung dargestellt, wobei drei Möglichkeiten denkbar sind:

- Ein NC- Satz wird nach seiner Eingabe sofort auf eine mögliche Kollision überprüft,

- ein NC- Programm bzw. ein sinnvoll zusammenhängendes Programmteil wird nach Abschluß des eigentlichen Programmiervorgangs als Ganzes auf Kollision überprüft.

Die erste Möglichkeit bietet den Vorteil, den Programmierer sofort auf eine falsche Eingabe aufmerksam zu machen. Dabei sind jedoch nicht alle Kollisionen erfaßbar, insbesondere solche nicht, an denen Maschinenteile beteiligt sind, wenn die Programmierung bezüglich eines Werkstückkoordinatensystems erfolgt und die absolute Positionsangabe im festen Maschinenkoordinatensystem noch nicht festgelegt wurde. Dies wird vermieden, wenn erst das endgültige NC-Programm bei Vorliegen von Werkzeugkorrekturwerten und Nullpunktverschiebung überprüft wird.

Da bei der Programmierung ausschließlich mittelbare Kollisionsursachen zu erfassen sind, ist eine Off-line-Kollisionsüberwachung ausreichend, wobei für die Kollisionsauswertung die Anzeige von NC-Satznummer sowie Informationen über die beteiligten Kollisionskörper ausreichend sind.

Im Automatik- und Handbetrieb arbeitet die Kollisionsüberwachung zeitlich parallel zu dem zu steuernden Prozeß, ohne dabei diesen zu beeinflussen. Erst bei erkannter drohender Kollision erfolgt ein Eingriff

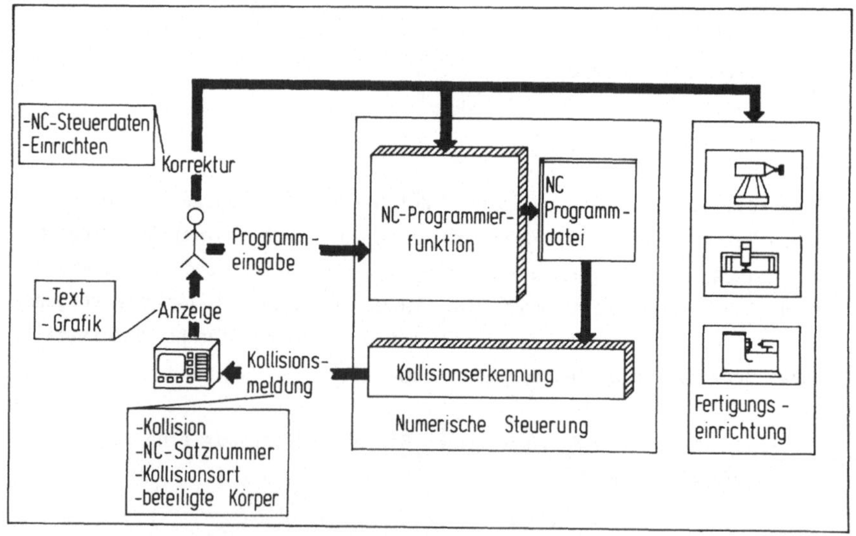

Bild 3.1:   Kollisionsüberwachung bei der NC-Programmierung

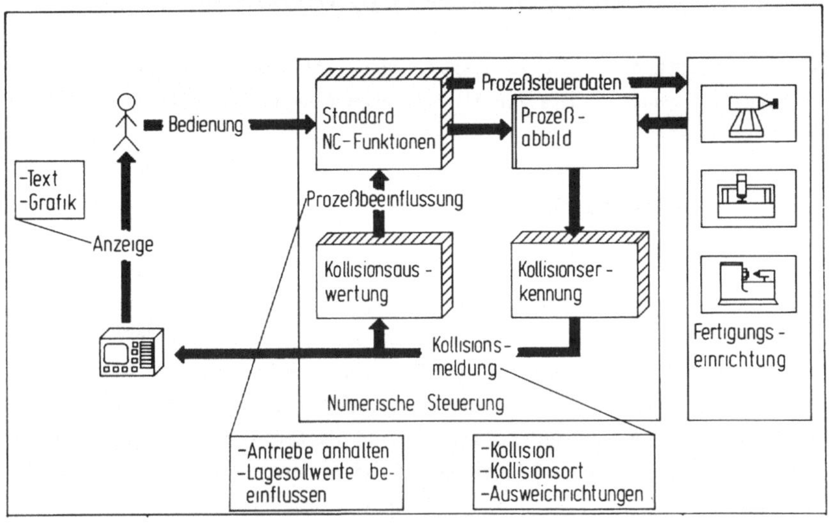

Bild 3.2:   Kollisionsüberwachung bei Automatik- und Handbetrieb

durch die Kollisionsauswertung (Bild 3.2). Dabei ergibt sich ein Unterschied in der zeitlichen Abfolge der Kollisionsüberwachung bei Hand- und Automatikbetrieb. Im Automatikbetrieb ist es unerheblich, zu welchem Zeitpunkt eine Kollision erkannt wird. So ist z.B. eine Alarmanzeige oder ein Abschalten der Maschine mehrere NC-Sätze vor dem eigentlichen kollisionsverursachenden NC-Satz zulässig. Es besteht also innerhalb eines Bereiches eine zeitliche Entkopplung zwischen Automatikbetrieb und parallel ablaufender Kollisionsüberwachung. Dagegen muß im Handbetrieb das durch Tastendruck ausgelöste Verfahren der Maschinenachsen bis kurz vor der eigentlichen Kollision fortgesetzt werden, bzw. muß im Falle des Anfahrens an ein Werkstück die Vorschubgeschwindigkeit reduziert werden. Für diesen Fall ist eine enge zeitliche Kopplung von Kollisionsüberwachung und Maschinenbewegung erforderlich. Diese zeitliche Kopplung von Kollisionsüberwachung und Maschinenbewegung ist bei der Realisierung zu berücksichtigen.

3.2 Datenschnittstellen der Kollisionserkennung

Als Voraussetzung für die zu diskutierende Integration der Kollisionserkennung sind zunächst die Inhalte an deren Ein- und Ausgangsschnittstellen festzulegen.

3.2.1 Ausgangsdaten

Die im vorigen Kapitel genannte Kollisionsmeldung stellen die Ausgangsdaten dar, die zur weiteren Verarbeitung durch die Kollisionsauswertung bestimmt ist. Damit läßt sich aus den bereits genannten Anforderungen (Abschnitt 2.2) folgender Informationsgehalt ableiten: Die Kollisionsmeldung muß zunächst die einfache Aussage "Kollision - keine Kollision" enthalten. Bei gemeldeter Kollision sind weitere, von der Betriebsart der NC abhängige Informationen bereitzustellen. Erfolgt eine manuelle Auswertung durch den Menschen, z.B. während des Programmierens, dann ist der geometrische Ort der Kollision sowie die an der Kollision beteiligten Körper und die kollisionsverursachende Stelle im NC-Programm, z.B. die NC-Satznummer, von Interesse. Bei der automatischen Kollisionsauswertung mit Bestimmung von Ausweichwegen sind darüberhinaus die Richtungen nötig, die der Kollision entgegenwirken und die ein Freifahren der kollidierenden Körper erlauben. Eine zusätzliche, nützliche Information stellt eine Größe dar, die die Stärke der Kollision, d.h. den Grad der Überlappung kollidierender Körper beschreibt. Daraus kann durch die Kollisionsauswertung wiederum Größe und Umfang der Ausweichwege bestimmt werden.

3.2.2 Eingangsdaten

Aufbauend auf den nun bekannten Ausgangsdaten der Kollisionserkennung, sowie deren Funktionalität können die Inhalte an der Eingangsschnittstelle festgelegt werden. Die Kollision zweier Körper ist von deren Form und geometrischen Abmessungen, sowie deren relativen Lagen und Orientierungen abhänig.

Repräsentieren die Körper Maschinenteile einer Fertigungseinrichtung,

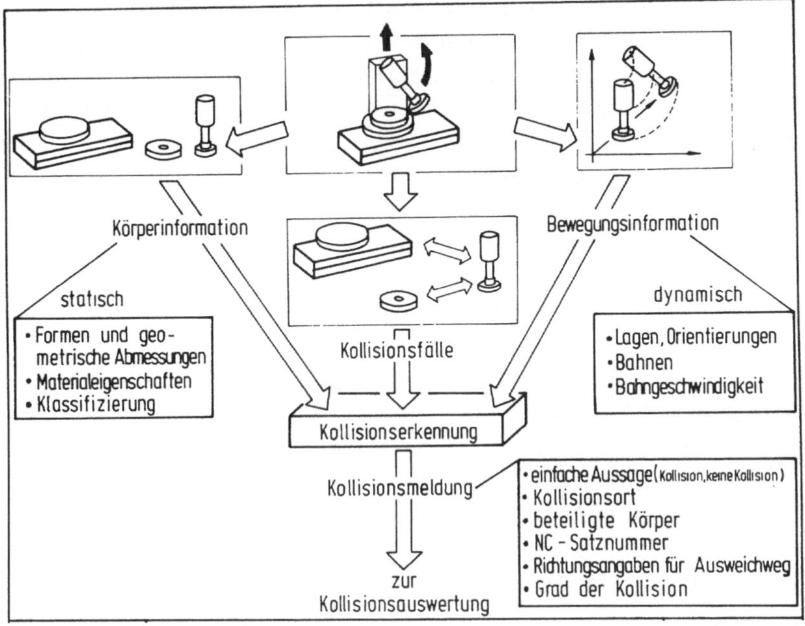

Bild 3.3:   Ein- und Ausgangsinformation der Kollisionserkennung

und sind diese durch eine Maschinenachse verknüpft, dann ändern sich deren Lagen und Orientierungen durch die Bewegung der Maschinenachsen.

Es kann davon ausgegangen werden, daß von einer Kollisionserkennung mehr als zwei Körper zu betrachten sind. In der Realität wird aber nicht jeder Körper mit jedem kollidieren können, so daß die möglichen Kollisionsfälle explizit zu beschreiben sind. Die wesentlichen Eingangsdaten einer Kollisionserkennung sind demnach:

- die Form und die geometrischen Abmessungen der Körper (**Körperinformation**),
- die aktuellen Lagen und Orientierungen der Körper (**Bewegungsinformation**) und
- die **Kollisionsfälle.**

Die Übereinstimmung der Eingangsdaten mit der Realität ist als unabding-
bare Vorraussetzung für die Gesamtfunktion einer Kollisionsüberwachung
zu sehen. Bei einem Bearbeitungszentrum mit einem häufigen Wechsel von
Werkzeugen, Werkstücken und Aufspannungvorrichtungen können Identifika-
tionssysteme dazu beitragen die Sicherheit bei den Eingangsdaten zu erhöhen. Dagegen kann beim Einsatz einer Kollisionsüberwachung für einen
Industrieroboter davon ausgegangen werden, daß die Eingangsdaten (Körperinformation und Kollisionsfälle) größtenteils unverändert bleiben.
Eine höhere Sicherheit für die Richtigkeit dieser Daten ist erreichbar,
wenn sie vom Maschinenhersteller fest vorgegeben werden.

Die Inhalte der Eingangsdaten und der Kollisionsmeldung sind zusammenfassend in Bild 3.3 dargestellt.

3.3 Datentechnische Integration

3.3.1 Integration in den Datenfluß einer NC

Die Betrachtung der Integration muß sich an den in der NC verfügbaren
Informationen (Eingangsdaten) für die Kollisionserkennung orientieren,
d.h. bezüglich der in der NC verfügbaren Lage- bzw. Bewegungsinformationen.

Die möglichen Ansatzpunkte sind in Bild 3.4 dargestellt. Die Verarbeitung der **Lageistwerte** (Schnittstelle S4), wie sie z.B. durch die Wegmeß-
systeme an der Maschine geliefert werden, scheidet aus folgenden Gründen
aus:

- im Trockenlauf ist keine Kollisionsüberwachung möglich,

- ohne besondere Maßnahmen (z.B. die Berücksichtigung äquidi-
  stanter Schutzzonen) können Kollisionen nicht vermieden werden, da die Kollisionserkennung nur in endlicher Zeit durchführbar ist.

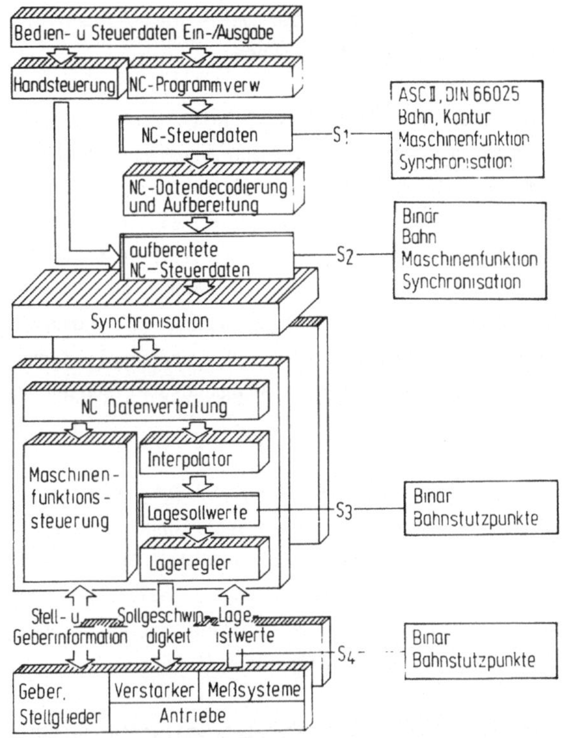

Bild 3.4: Mögliche Schnittstellen für Lage- und Bewegungsinformationen in der NC

Dagegen sind bei kollisionsverursachenden Fehlern in den Funktionsprogrammen der numerischen Steuerung und bei der Verwendung redundanter Meßsysteme auch Ausfälle der Gerätetechnik erfaßbar.

Die Verarbeitung von Bewegungsanweisungen in Form von **NC-Steuerdaten** (Schnittstelle S1) erfordert die Nachbildung umfangreicher NC-Funktionen und Algorithmen wie NC-Satzdecodierung, Werkzeugkorrekturberechnungen, Konturzugberechnungen und Bearbeitungszyklen zur Ermittlung der endgültigen Bahn. Neben einem zusätzlichen Aufwand zur Realisierung solcher Algorithmen besteht auch die Gefahr der unterschiedlichen Realisierung dieser Algorithmen, so daß sich bei deren Nachbildung von der Realität abweichende Bahnverläufe ergeben können.

Von den verbleibenden Möglichkeiten (Schnittstellen S2, S3) ist die Wahl anhand von Kriterien, die sich bei einer konkreten Realisierung ergeben, zu treffen. Werden für eine zu realisierende Kollisionsüberwachung die möglichen Kollisionen ausschließlich durch die Bewegung bahngesteuerter Achsen verursacht, dann beinhalten die Lagesollwerte am Ausgang des Interpolators (Schnittstelle S3) alle nötigen Lageinformationen. Sollen aber auch Bewegungen mitberücksichtigt werden, die durch eine Maschinenfunktion ausgelöst werden, z.B. ein Werkzeugwechsel, dann ist diese Information nur aus den aufbereiteten Bewegungsanweisungen an der Schnittstelle S2 ableitbar.

Betrachtet man die Ausgangsdaten, dann erfolgt zunächst eine Weiterverarbeitung durch die Kollisionsauswertung. Abhängig von ihrer Funktion erfolgt auch die Einbindung der Ausgangsdaten. Dieses soll hier für den komplexeren Fall, nämlich die Überwachung unvermeidbarer Kollisionsursachen und die damit erforderliche Bestimmung von Ausweichwegen, betrachtet werden. Dafür sind drei Ansatzpunkte denkbar:

- eine direkte Beeinflussung der Lagesollwerte an der Schnittstelle S3,

- Beeinflussung der aufbereiteten Bewegungsanweisungen an der Schnittstelle S2, oder

- eine Korrektur von NC-Steuerdaten an der Schnittstelle S1.

Die Schnittstelle S4 braucht nicht betrachtet zu werden, da dort keine Beeinflussung möglich ist.
Die Korrektur des Bearbeitungsprogrammes an S1 ist ein nicht trivial zu lösendes Problem und bedarf eines großen Realisierungsaufwandes seitens der Kollisionsauswertung. Durch die damit zu erwartende Rechenzeit kann davon ausgegangen werden, daß eine On-line-Verarbeitung bei der voraus-

gesetzten Gerätetechnik nicht realisierbar ist. Die automatische Programmkorrektur ist deshalb ausschließlich bei der Unterstützung der Programmierung, d.h. bei der Beseitigung mittelbarer Kollisionsursachen, zu sehen.

Somit verbleibt bei der Auswertung unmittelbarer, unvermeidbarer Kollisionsursachen ein Zugriff auf die Schnittstellen S2 und S3. Durch die direkte Lagesollwertbeeinflussung an S3 können weg- und zeitoptimale Ausweichmanöver realisiert werden, wenn die entsprechenden Algorithmen in der Kollisionsauswertung zur Verfügung stehen. Es bietet sich jedoch, auch aufgrund der einfacheren Ausweichswegbestimmung, das Ändern und Einfügen zusätzlicher Bewegungssätze oder die Manipulation der Synchronisierungsinformationen an der Schnittstelle S2 an.

3.3.2   Datenversorgung der Kollisionserkennung

Bei der Datenversorgung muß unterschieden werden in solche Daten, die von der NC übernommen werden können, in Daten die einer Aufbereitung bedürfen und in Daten, die in einer NC üblicherweise nicht vorhanden sind und deshalb zusätzlich bereitgestellt werden müssen. Es ist zu untersuchen, inwieweit die Versorgung der in Abschnitt 3.2.1.2 festgelegten Eingangsdaten von vorhandenen Informationen erfolgen kann oder ob entsprechende Daten extern bereitzustellen sind. Daraus läßt sich die gesamte Datenstruktur für eine NC mit integrierter Kollisionsüberwachung ableiten.

3.3.2.1   Bewegungsinformation

Die aktuellen Lagen und Orientierungen der für die Kollision zu betrachtenden Körper ist ausgehend von einer Grundstellung durch deren Translation und Rotation ausreichend beschrieben. Die Translation und Rotation ist aus der Bewegungsinformation der Maschinenachsen aufzubereiten, wenn die kinematischen Zuordnungen jedes Körpers zu den Maschinenachsen und die durch die Bewegung **aller** Achsen erzeugte Bahn bekannt ist. Dabei beschreibt die kinematische Zuordnung mit welchen Maschinenachsen und wie

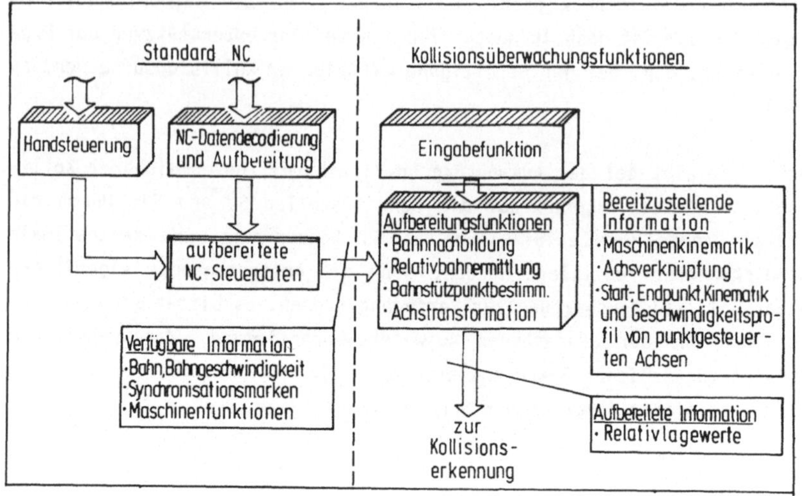

Bild 3.5:   Versorgung der Kollisionsüberwachung mit Bewegungsinformation

ein Körper damit bewegt wird.

Die kinematische Zuordnung liegt im allgemeinen in einer numerischen Steuerung nicht vor. Dies gilt auch für die numerischen Steuerungen von Industrierobotern, wo lediglich die kinematische Zuordnung des zu programmierenden Werkzeugbezugspunktes bekannt ist. Die exakte Bahn einer programmierten Bewegung ist nur für die mit Bahnsteuerverhalten verknüpften Maschinenachsen bestimmbar. Dies gilt nicht für Achsen mit Punktsteuerverhalten wie z.B. Werkzeug- oder Werkstückwechseleinrichtungen, dies gilt aber auch nicht für die Relativbewegungsbahn zweier Körper, die zwar je durch bahngesteuerte, jedoch voneinander unabhängige Bahnsteuereinheiten erzeugt werden. Ein Beispiel hierfür stellen die Schlitten und Werkzeugwechsler einer Mehrschlittendrehmaschine dar.

Die erzeugte Relativbewegungsbahn läßt sich aber nachbilden, wenn die Synchronisierungsinformationen und die Geschwindigkeitsprofile, z.B. bei einem Werkzeugwechsel, zur Verfügung stehen. In Bild 3.5 sind die zur

Beschreibung der Bewegungen benötigten Informationen dargestellt. Ferner ist angegeben inwieweit und in welcher Form sie i.a. von einer NC zur Verfügung gestellt werden.

3.3.2.2   Informationen über Körper

Abgesehen von Werkzeugkorrekturwerten, die lediglich eine ungenaue Geometriebeschreibung der Werkzeuge darstellen, sind in heutigen Standardsteuerungen keine weiteren der geforderten Körperbeschreibungsdaten vorhanden. Es muß also davon ausgegangen werden, daß sämtliche Geometrieinformationen der Körper bereitzustellen sind. Vor der Bereitstellung ist festzulegen, welche Körper einer bestimmten Einrichtung in die Kollisionsüberwachung einzubeziehen sind. Dies ergibt sich aus deren konstruktivem Aufbau, aber auch durch Einschränkungen die sich ergeben durch die evt. begrenzte Anzahl zu überwachender Körper, so daß eine Auswahl nach der Auftrittswahrscheinlichkeit einzelner Kollisionen erfolgen muß.

Die zur Kollisionsüberwachung nötigen Geometrieinformationen der Körper können z.B. wie in CAD-Anwendungen üblich /29,30/ durch die Beschreibung von deren Formen (z.B. Quader, Zylinder, Freiformfläche...), von deren geometrischen Abmessungen und durch die Verknüpfungsvorschriften mehrer solcher Körper zu einem Gesamtkörper, erstellt werden. Diese Informationen sind dann in Form von Datensätzen in der NC abzulegen. Dabei ist zu berücksichtigen, daß diese Art der Körperbeschreibung **nicht** mit dem in den nächsten Kapiteln noch festzulegenden mathematischen Modell für die Kollisionserkennung identisch sein muß. In diesem Fall müssen dann Konvertierungsalgorithmen zur Verfügung stehen.

Durch neu zu entwickelnde Bedien- und Eingabefunktionen in der Steuerung können diese Datensätze mit Körperbeschreibungsdaten versorgt werden (Bild 3.6). Dies kann dann manuell durch Ausfüllen von durch die Körperform vorgegebenen Eingabemasken geschehen, oder maschinell durch die direkte Verarbeitung von Konstruktionsdaten, die dann über normierte Schnittstellen /31,32/ zur Verfügung stehen.

Die Eingabe der Körpergeometrieen muß nur einmalig vorgenommen werden,

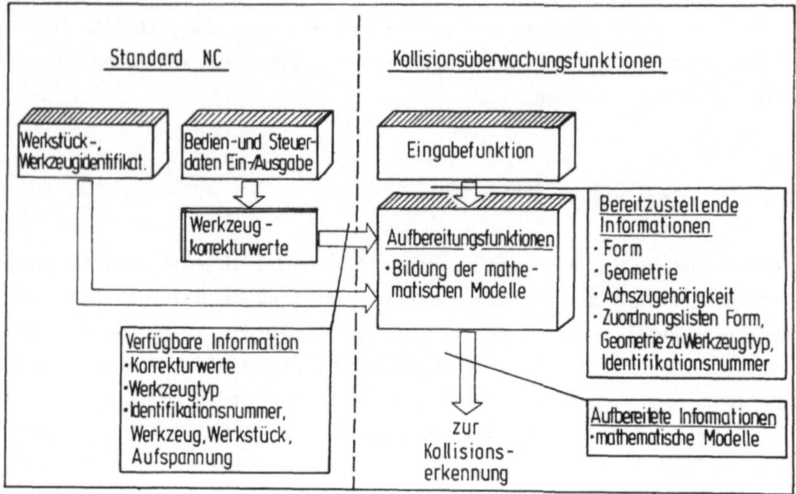

Bild 3.6: Versorgung der Kollisionsüberwachung mit Körperinformation

wenn bei einer begrenzten Anzahl austauschbarer Maschinenelemente wie Werkzeuge, Aufspannvorrichtungen etc., die Geometriebeschreibungen in Form einer Bibliothek im Speicher der NC abgelegt werden. Beim Betrieb einer Fertigungseinrichtung muß dann gewährleistet sein, daß für die Kollisionserkennung die gerade gültigen Geometriebeschreibungen aus der Bibliothek bereitgestellt werden.

3.3.2.3 Informationen über Kollisionsfälle

Die Beschreibung der Kollisionsfälle ist aus der Beschreibung der Achszuordnungen einzelner Körper ableitbar, denn alle Körper, die mit den gleichen Achsen mitbewegt werden, können nicht miteinander kollidieren. Dies ist nur eine notwendige, aber keine hinreichende Bedingung für die Kollisionsfreiheit, so daß wie bei der Festlegung der Körpergeometrie, abhängig vom Aufbau und von der Kinematik einer Anlage, die möglichen Kollisionsfälle manuell zu beschreiben sind. Dies erfolgt durch eine Kollisionsmatrix, die wiederum durch Bedienfunktionen einmalig mit Daten versorgt werden kann. Während des Betriebs einer Fertigungseinrichtung können die gerade aktuell gültigen Kollisionsfälle aus den aufbereiteten NC-Steuerdaten, z.B. durch die Maschinenfunktionen, Werkzeugkorrektur- und Werkzeugplatzanwahl oder durch die von Werkzeug-, Werkstück- und Palettenidentifikationssystemen bereitgestellten Identifikationscodes abgeleitet werden.

3.4   Realisierung der zeitlichen Entkopplung

Die Forderung des zeitlichen Vorausrechnens der Kollisionsüberwachung, also der zeitlichen Entkopplung, ergibt sich durch die Ankopplung einer Kollisionsüberwachung an die Lage- und Bewegungsinformationen in der NC. Eine Kollisionsüberwachung kann nur in endlicher Zeit erfolgen. Betrachtet man eine On-line-Kollisionsüberwachung, dann bedingt dies, daß zwischen der Weiterverarbeitung der Lage- und Bewegungsinformation an den Schnittstellen S2 und S3 in der NC (Bild 3.4) und der Bearbeitung durch die Kollisionsüberwachung ein Zeitintervall $t_{\ddot{u}}$ liegt. Die Länge dieses Zeitintervalls setzt sich zusammen aus der Erkennungs- und Auswertezeit der Kollisionsüberwachung und der Dynamik der Fertigungseinrichtung, die

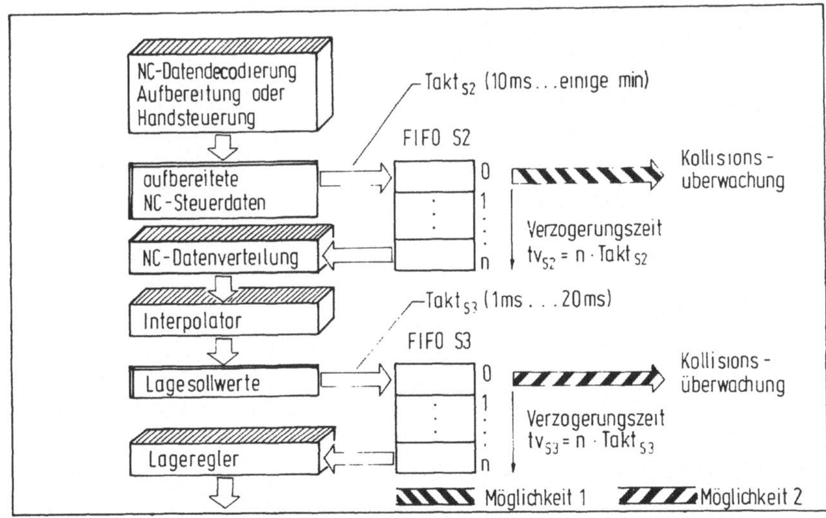

Bild 3.7:   Zeitliche Entkopplung von NC und Kollisionsüberwachung

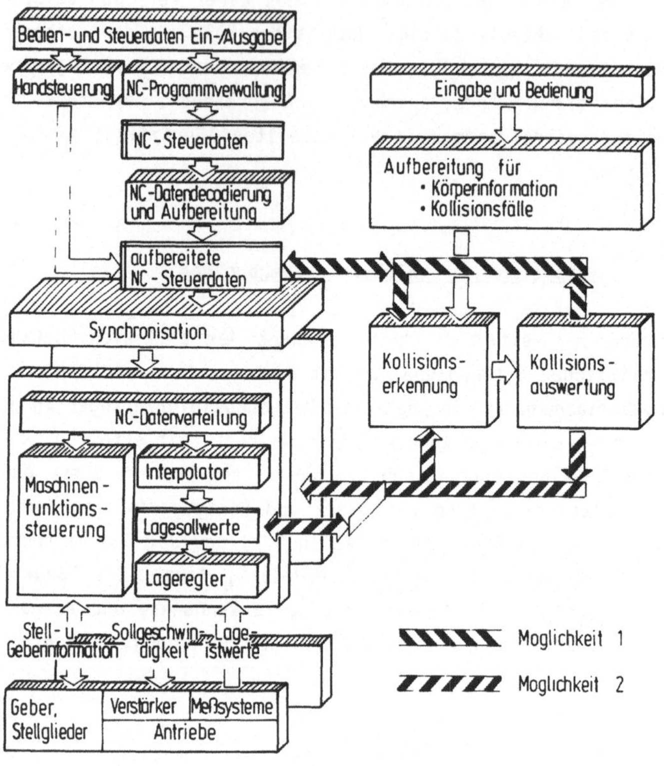

Bild 3.8:   Informationsfluß in einer NC mit integrierter Kollisionsüberwachung

z.B. das Bremsverhalten bestimmt.

Die zeitliche Entkopplung kann durch einen an den Schnittstellen S2 und S3 üblicherweise vorhandenen Fist-In-First-Out-Speicher (FIFO) erfolgen (Bild 3.7). Während an der Schnittstelle S2 die Einträge in den FIFO im Zeittakt des Lagereglers erfolgen (5...20 ms), sind die FIFO-Einträge an S3 durch die zeitliche Länge der NC-Sätze (10 ms bis einige min) bestimmt.

Die FIFO-Länge, die auch die FIFO-Verzögerungszeit t_v bestimmt, ist durch die Gerätetechnik, aber mehr noch durch die Funktion der NC begrenzt. So ist in der Handbetriebsart eine Verzögerungszeit von mehr als 200 ms, die zwischen dem Betätigen einer Richtungstaste und dem Verfahren einer Maschinenachse liegt, nicht zulässig. Zur Realisierung einer On-line-Kollisionsüberwachung gilt aber $t_ü < t_v$. Damit entscheidet letztlich die Überwachungszeit $t_ü$ der zu entwickelnden Überwachungseinrichtung über die Ankoppelung an S2 oder S3.

Bild 3.8 zeigt die Gesamtstruktur einer NC mit Kollisionsüberwachnugsfunktion. Für die Anbindung an die Bewegungsinformation in der NC sind die beiden möglichen Alternativen aufgeführt, wobei eine endgültige Entscheidung bei der konkreten Realisierung zu treffen ist.

4   <u>Untersuchung und Bewertung mathematischer Verfahren zur Kol-
lisionserkennung</u>

4.1   <u>Aufgabenanalyse</u>

Die Gesamtaufgabe der mathematischen Kollisionserkennung kann in die Teilaufgaben:

- Darstellung eines Körpers in einem rechnerinternen Modell (**Modellbildung**),

- Aktualisierung des Modells, d.h. Nachführen der Form entsprechend einer Werkstückbearbeitung (**Modellierung**),

- Algorithmen zur Kollisionserkennung (**Kollisionserkennung**) und

- Algorithmen zur Kollisionserkennung bei bewegten Körpern (**Bewegungsmodell**)

unterteilt werden.

Dabei besteht die Minimalkonfiguration einer Kollisionsüberwachung aus den Teilaufgaben: Modellbildung, Kollisionserkennung und Bewegungs-

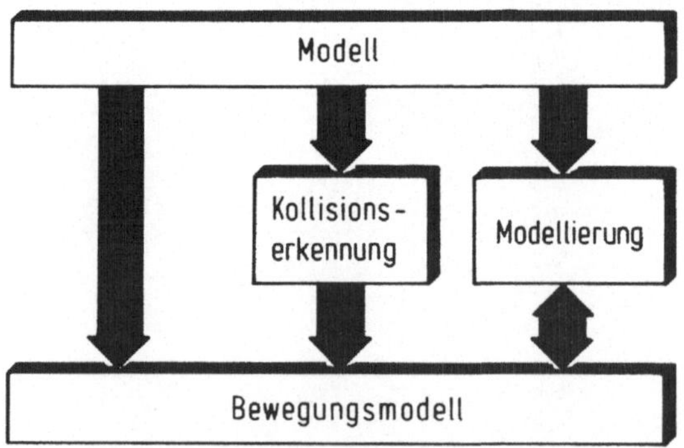

Bild 4.1:   Abhängigkeiten der Teilaufgaben bei der mathematischen Kollisionserkennung

modell. Soll die Bearbeitung eines Werkstücks in Form einer geometrischen Veränderung in die Kollisionsbetrachtung mit einbezogen werden, dann ist die Modellierung als zusätzliche Teilaufgabe nötig.
Bild 4.1 zeigt die gegenseitigen, zu berücksichtigenden Abhängigkeiten zwischen den verschiedenen Teilaufgaben. Es sei angemerkt, daß bei der grafischen Simulation die hier nicht zu berücksichtigende Teilaufgabe der Visualisierung in starkem Maße die Auswahl eines mathematischen Modells in einschränkender Weise vorgibt.

Bei den gegebenen Abhängigkeiten der Teilaufgaben sind durch die Auswahl eines mathematischen Modells bereits die möglichen Verfahren zur Kollisionserkennung und zur Modellierung festgelegt, während das Bewegungsmodell unabhängig von den anderen Teilaufgaben betrachtet werden kann. Deshalb soll eine Untersuchung der Teilaufgaben von den Modellen ausgehend erfolgen.

4.2   Anforderungen an mathematische Verfahren

Anforderungen an mathematische Algorithmen lassen sich als Folge der allgemeinen Anforderungen an eine Kollisionserkennung aus Kapitel 2 und aus den Randbedingungen, die bei einer Integration in die NC zu berücksichtigen sind (Kapitel 3), herleiten.
Für eine Realisierung sind zu erfüllen:

- Darstellbarkeit der mathematischen Algorithmen in einer Rechenanlage,

- Begrenzung des zur Verfügung stehenden Speicherplatzes,

- schnelle Zugriffsgeschwindigkeit auf die Daten des Modells,

- einfache Mathematik der Algorithmen entsprechend der zur Verfügung stehenden Rechenleistung.

Vor allem die Forderung bezüglich des begrenzten Speicherplatzes ist streng. Es muß davon ausgegangen werden, daß beim Einsatz in einer NC in

der Regel keine externen Massenspeicher einsetzbar sind. Massenspeicher
können zudem nicht die Geschwindigkeitsanforderungen erfüllen.

Aus diesen allgemeinen Anforderungen läßt sich folgendes ableiten:

- Der gesamte algorithmische Aufwand soll schnell abarbeitbar
  sein und damit den zeitlichen Anforderungen einer On-line-
  Kollisionsüberwachung entsprechen,

- die Algorithmen dürfen keinen Spezialfall einzelner Körpergeometrien darstellen, sondern müssen die Allgemeingültigkeit
  besitzen, die durch einen flexiblen Einsatz in einer Fertigungseinrichtung gefordert wird,

- das Modell muß die für eine Kollisionsbetrachtung relevanten
  Informationen eines Körpers beinhalten,

- der Kollisionserkennungsalgorithmus muß die mögliche Durchdringung zweier Körper exakt beschreiben und Informationen
  für eine Kollisionsauswertung liefern.

Dabei sind nach /5/ für die numerische Genauigkeit bei der Kollisionserkennung an Werkzeugmaschinen und Handhabungsgeräten und damit auch bei
der Darstellung eines Körpers in einem Modell, Größenordnungen von 0,1
bis 0,5 mm zu fordern.

4.3   Mathematische Verfahren zur Kollisionserkennung

4.3.1   Modelleigenschaften

Der Einsatz rechnerinterner Modelle ist bekannt aus deren Einsatz in
CAD-Systemen /29,30/ und fertigungstechnischen Programmiersystemen
/21,28/. Für die hier zu betrachtende Anwendung müssen die rechnerinternen Modelle alle für eine Kollisionserkennung relevanten Informationen
der realen Körper beinhalten. Nach /33/ erfolgt die Umsetzung vom realen
technischen Problem stufenweise in mehreren Modellen. Ausgehend vom rea-

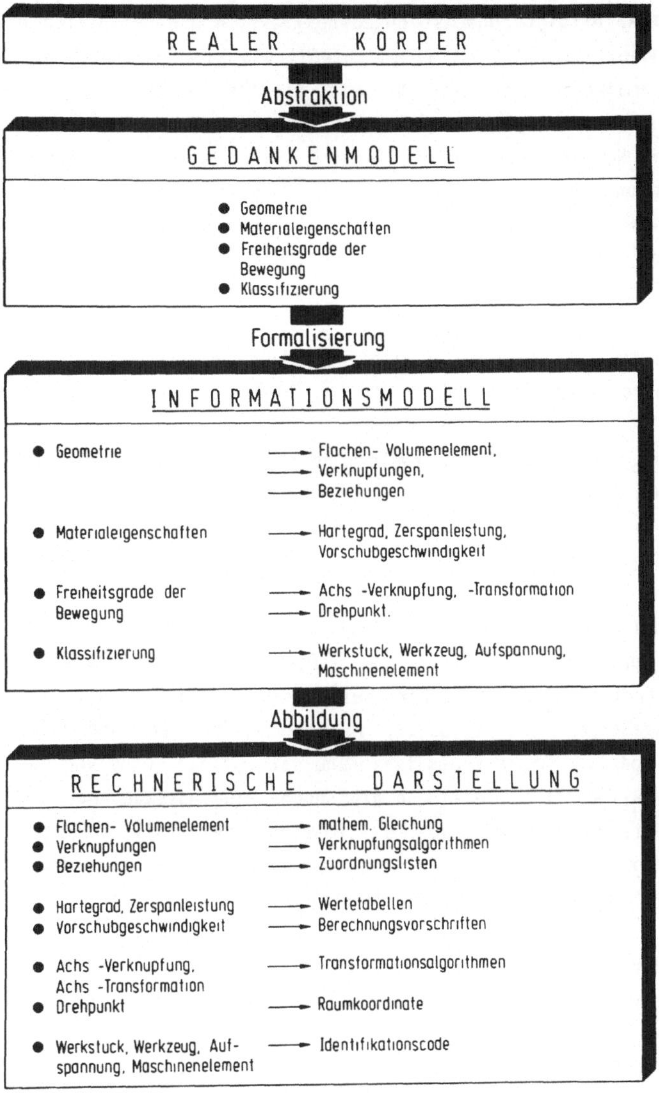

Bild 4.2:   Umsetzung realer Körper in eine rechnerische Darstellung

len Körper erfolgt zunächst durch Abstraktion die Definition eines Gedankenmodells (Bild 4.2). Dabei enthält das Gedankenmodell nur diejenigen Informationen des realen Körpers, die für die weitere, problemorientierte Verarbeitung benötigt werden. Für die Kollisionsproblematik sind dies die Körperformen und die Ausmaße die Genauigkeit (Geometrie) eines Körpers und dessen Lage und Orientierung in einem Koordinatensystem, aber auch weitere Informationen z.B. über die Beschaffenheit des Materials, sowie die Klassifizierung in Werkzeug, Werkstück, Maschinenelement etc.

Für die Kollisionserkennung wichtige Unterscheidungsmerkmale von **Gedankenmodellen** (nach Bild 4.2) sind:

- die Dimensionalität, zweidimensional (2D) oder dreidimensional (3D), und

- die Körperinformation.

Dabei soll unter der Körperinformation die Art der Information verstanden werden, die zur Erfüllung der Aufgabe, nämlich der Kollisionserkennung, benötigt wird. Man unterscheidet Modelle hinsichtlich ihres Informationsgehaltes nach /28,32,33/ in kanten-, flächen- und volumenorientierte Modelle. Diese Klassifizierung ist auf der Ebene von Gedankenmodellen (Bild 4.2) zu sehen und gibt noch keine Aussage über die Art der formalisierten Darstellung im Informationsmodell (Bild 4.2). So ist ein Volumenmodell z.B. durch die Grenzflächen und den Flächennormalenvektoren, die vom Körper wegzeigen, darstellbar.

Unter Berücksichtigung der Anforderungen für eine Kollisionsüberwachung soll zunächst eine Festlegung dieser Modelleigenschaften erfolgen.

Bei der geforderten räumlichen Kollisionserkennung sind durch zweidimensionale Modelle die möglichen Kollisionsfälle nur sehr ungenügend zu erfassen, auch dann nicht, wenn versucht wird, einen Körper durch mehrere, in seinen Hauptansichten projezierte Flächen, darzustellen. Deshalb sollen nur noch dreidimensionale Modelle betrachtet werden.

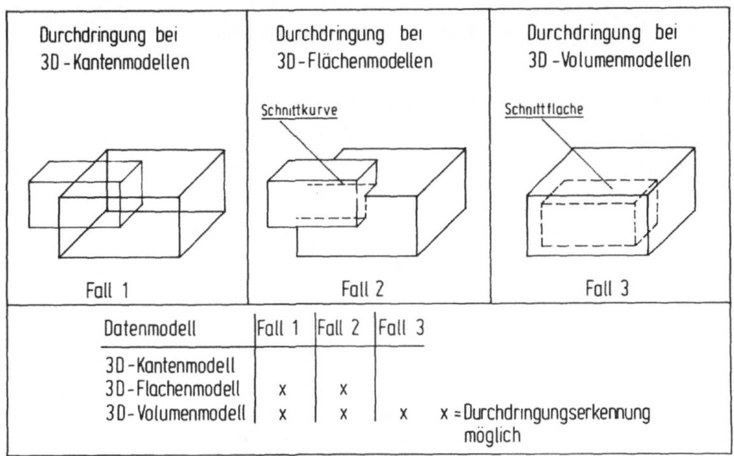

Datenmodell	Fall 1	Fall 2	Fall 3	
3D-Kantenmodell				
3D-Flachenmodell	x	x		
3D-Volumenmodell	x	x	x	x = Durchdringungserkennung möglich

Bild 4.3:   Mögliche Durchdringungsfälle

Die Auswahl der geeigneten Körperinformation wird anhand des Beispiels
der Durchdringungsfälle in Bild 4.3 diskutiert.

Mit dem Informationsinhalt, die dem kantenorientierten Modell (Fall 1)
zu Grunde liegt, sind Kollisionen nur dann zu erkennen, wenn sich genau
die Kanten zweier Körper schneiden. Kantenorientierte Modelle sind deshalb für eine Kollisionserkennung nicht geeignet. Setzt man voraus, daß
zu Beginn einer Kollisionsüberwachung Kollisionsfreiheit besteht, d.h.
ein Körper von einem anderen Körper nicht völlig eingeschlossen ist wie
im Fall 3, dann ist das flächenorientierte Modell zunächst für Kollisionsbetrachtungen ausreichend, wenn während einer Relativbewegung der
Übergang zwischen beiden Körperoberflächen erkannt wird. Damit sind geometrische Kollisionen erkennbar, wobei aber nur einfache Aussagen zur
Kollision möglich sind. Dagegen kann mit volumenorientierten Gedankenmodellen das Schnittvolumen bei einer möglichen Kollision zwischen zwei
Körpern bestimmt werden. Damit ist die Forderung an die Kollisionsmeldung nach Bestimmung des Grades der Kollision erfüllbar.

Aufgrund der aufgeführten Anforderungen für die Kollisionserkennung werden nur noch dreidimensionale volumenorientierte Gedankenmodelle berücksichtigt.

4.3.2 Rechnerinterne Modelle für die Kollisionserkennung

Nach Bild 4.2 soll nun das Gedankenmodell durch Formalisierung in ein
Informationsmodell überführt werden. Ein Volumen ist durch **Diskretisierung** in Raumquanten oder mit Hilfe **analytischer Gleichungen** im Rechner
darstellbar. Ein durch analytische Gleichungen darzustellender Körper
kann durch eine **Volumengleichung** oder durch die Volumenoberfläche beschreibende **Flächengleichung** bei gleichzeitiger Festlegung der Material-
richtung durch den Flächennormalenvektoren im Rechner dargestellt werden. Ist **eine** Flächen-, bzw. Volumengleichung zur Darstellung einer Kör-

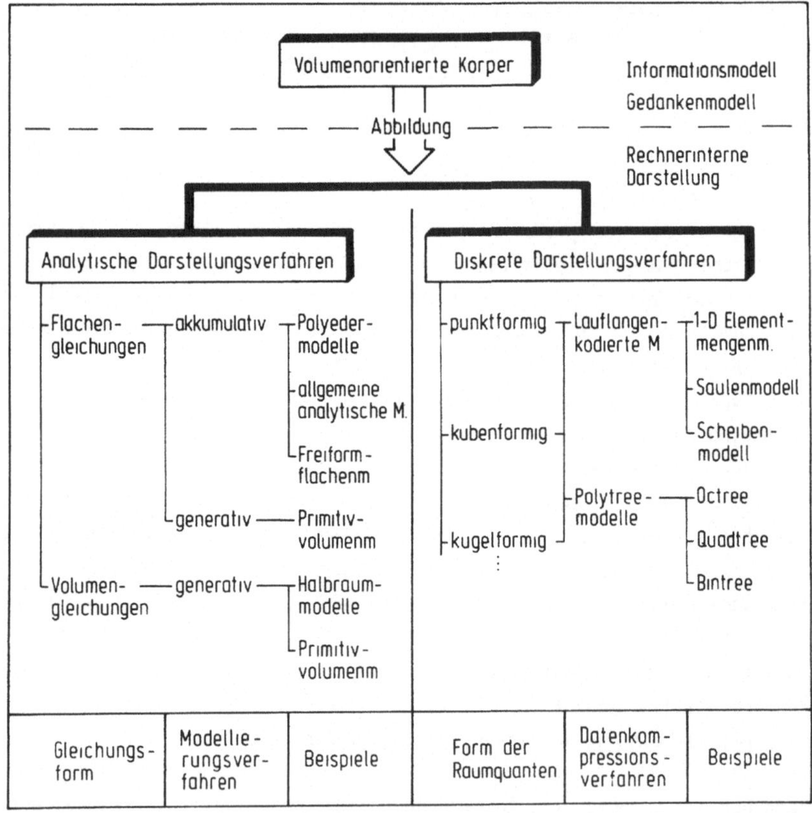

Bild 4.4: Verfahren zur rechnerinternen Darstellung volumeno-
rientierter Körper

pergeometrie unzureichend, dann ist der Körper durch mehrere solcher Gleichungen zu beschreiben. Die Beschreibung eines Körpers durch das Zusammensetzen aus einzelnen Gleichungen wird auch als Modellierung bezeichnet. Die rechnerinterne Darstellung erfolgt dann durch formale Elemente (Gleichungen) sowie deren Beziehungen und Verknüpfungsvorschriften untereinander.

Die Eigenschaft, einen realen Körper in der rechnerinternen Darstellung (diskret oder analytisch) zu modellieren, wird z.B. beim Konstruktionsvorgang benötigt, aber auch im hier zu betrachtenden Falle, wenn sich die Werkstückgeometrie durch den Bearbeitungsvorgang ändert. Die Eigenschaft, wie gut oder wie schlecht sich eine rechnerinterne Darstellung modellieren läßt, wird als Modellierungseigenschaft bezeichnet.

Abhängig von der Darstellungsart der körperbeschreibenden Elemente sind die prinzipiellen Möglichkeiten zur rechnerischen Geometriedarstellung in Bild 4.4 dargestellt. Diese sind im folgenden auf ihre Eignung für die Kollisionserkennung zu prüfen und zu bewerten. Es sei angemerkt, daß die aus Realisierungen in CAD- und grafischen Simulationssystemen bekannten rechnerinternen Darstellungen /10,28,29,34/ oft Sonderfälle und/oder Mischformen der in Bild 4.4 aufgeführten Verfahren repräsentieren.

Da die Aufgaben bei der Kollisionserkennung und der Modellierung von der Algorithmik her sehr eng miteinander verbunden sind, soll hier eine gemeinsame Betrachtung erfolgen.

4.3.2.1 Verfahren zur Kollisionserkennung bei der Darstellung von Körpern durch Flächengleichungen

CAD-, Simulations- und mathematische Kollisionsüberwachungssysteme benutzen fast ausschließlich Flächengleichungen bei der Darstellung von Volumina /5,10,28,29/. Zur Unterscheidung der verschiedenen Verfahren können zwei Klassifizierungsmerkmale herangezogen werden. Zum einen die **Komplexität** der verwendeten Fläche, die durch den Grad der beschreibenden Gleichung festgelegt ist. Polynomgleichungen 1. Grades beschreiben lediglich Ebenen, bei Gleichungen 2. Grades sind Flächen wie Zylinder,

Ellipsoide, Parabolloide etc. darstellbar. Komplexere Oberflächen wie Freiformflächen sind zunächst nicht einfach zu beschreiben. Sie können aber über Punktmengen, Raumkurven und Tangentenvektoren approximiert oder interpoliert werden. Entsprechende Verfahren sind in /35,36,37/ aufgeführt.

Ein weiteres Klassifizierungsmerkmal sind die Verfahren zur rechnerinternen Darstellung der Verknüpfung (Modellierung) einzelner Flächengleichungen. Bei der Darstellung von verknüpften Flächengleichungen können die in Bild 4.5 dargestellten **generativen und akkumulativen Modellierungsverfahren** unterschieden werden.

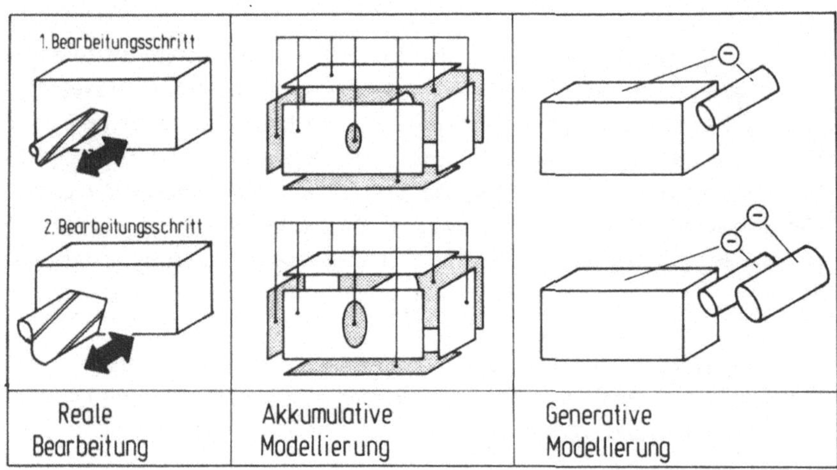

Bild 4.5:   Modellierungsverfahren analytischer Modelle

Akkumulative Verfahren:
Es wird zunächst von einer Darstellung ausgegangen, die das Körpervolumen durch die begrenzenden Flächenelemente, sog. B-REP-Darstellungen (Boundary Representation) oder Flächenbegrenzungsmodelle, beschreibt /30/. Bei einer Werkstückbearbeitung müssen die durch das Werkzeug erzeugten neuen Schnittflächen und Schnittkurven berechnet werden. Dies ist dann, wenn neben ebenen Flächenelementen auch Flächen höherer Ordnung, z.B. Freiformflächen, betrachtet werden sollen, nicht trivial und

oft nicht in einer mathematischen Gleichung darstellbar. Deshalb verwenden CAD-Systeme und Grafiksysteme /10,13/ vorwiegend ebene Flächengleichungen. Diese Polyedermodelle sind deshalb als Sonderform allgemeiner Flächenbegrenzungsmodelle zu betrachten.

Generative Verfahren:
Geht man nun von einem realen Körper aus, dann kann dieser im Rechner alternativ zu o.g. Verfahren auch durch die boolesche Verknüpfung mehrerer Primitivvolumenelemente dargestellt werden. Dabei ist zu beachten, daß ein solches Volumenelement, z.B. eine Kugel, nicht durch eine Volumengleichung sondern durch seine Flächengleichung dargestellt ist, oder wie am Beispiel eines Quaders seinerseits wieder ein Flächenbegrenzungsmodell sein kann. Dieses Verfahren ist z.B. als Darstellung im CSG-Baum /13,30,34/ (Constructive Solid Geometry) bekannt. Bei der generativen Modellierung wird die Veränderung der Werkstückgeometrie durch die Einkettung der von der Zeit und vom Ort abhängigen Primitivvolumenelemente des Werkzeuges in die das Werkstück beschreibende Folge von Primitivvolumenelementen nachvollzogen. Es erfolgt also keine Schnittberechnung von Flächenelementen, sondern es ändern sich nur die Anzahl der Elemente und deren Beziehungen untereinander. Damit ist ein einfaches Modellierungsverfahren zu realisieren. Die Anzahl der beschreibenden Elemente und deren logische Beziehungen untereinander und damit der benötigte Speicherplatz wird jedoch umso größer, je komplexer ein Werkstückmodell bzw. je umfangreicher ein Bearbeitungsablauf ist. Dies gilt insbesondere dann, wenn eine Werkstückoberfläche durch mehrere Bearbeitungsschritte erzeugt wird, jedoch nur der letzte Bearbeitungsgang für die endgültige Kontur verantwortlich ist.

Unabhängig davon, ob nun ein modellierter Körper durch generative oder akkumulative Modellierung beschrieben ist, besteht die Aufgabe bei der Kollisionserkennung darin, mögliche Schnitte von Einzelflächen bestimmen zu müssen. Dabei treten folgende zwei Problemstellungen auf:

- Eine mathematisch geschlossene Gleichung der Schnittkurve ist außer für ebene Flächen nicht für alle Körperoberflächen aufzustellen. In /5/ werden Näherungsverfahren zur Durchdringungserkennung der Mantelflächen zweier Kegelstümpfe angege-

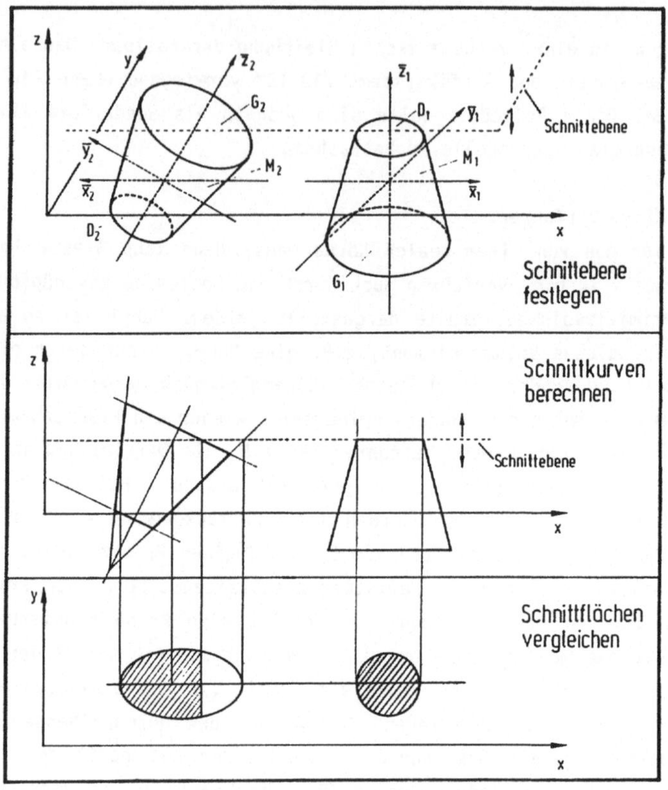

Bild 4.6: Kollisionserkennung bei den Oberflächen zweier Kegelstümpfe durch parallele Schnittebenen

ben, die aber abhängig von der geforderten Genauigkeit und
der damit verbundenen Zahl an Näherungsschritten eine hohe
Rechenzeit beanspruchen.

- Reale Körper sind, insbesondere wenn sie modelliert werden,
durch mehrere Oberflächenelemente begrenzt. Im Beispiel in
Bild 4.6 kann sich jede Einzelfläche des ersten Körpers mit
jeder des zweiten Körpers schneiden. Die Durchdringungsüber-
prüfung muß dabei in mehreren Schritten durchgeführt werden
wie am Beispiel der Durchdringung von M1 und M2 gezeigt wer-

den soll. Zunächst sind senkrecht zur Symmetrieachse von M1 parallele Schnittebenen zu legen, deren Anzahl und Abstand durch die Genauigkeit festgelegt ist. Jede Schnittebene ist wie folgt zu untersuchen: Eine Ebene schneidet M1 mit einer kreisförmigen Schnittkurve. Abhängig vom Kegelöffnungswinkel und der Orientierung des zweiten Kegels M2 können als Schnittkurve die verschiedenen Kegelschnitte (Ellipse, Hyperbel, Parabel) berechnet werden. In einem darauffolgenden Schritt erfolgt eine Überprüfung der Schnittkurven. Im Beispiel (Bild 4.6) sind dies Kreis- und Ellipsengleichung, wobei durch weitere Fallunterscheidungen geprüft werden muß, ob ein Schnitt zum schraffierten Teil der Ellipse und damit zum Kegelstumpf gehört.

Ein solcher Algorithmus stellt somit immer einen Spezialfall für die Kollisionspaarung zweier bestimmter Körpergeometrien dar.
Sollen neben der Kollisionserkennung zusätzliche Informationen wie das Schnittvolumen berechnet werden, dann sind hierzu komplexe Volumenintegrale zu lösen, so daß davon ausgegangen werden kann, daß dies mit der zur Verfügung stehenden Rechenleistung nicht realisierbar ist.

Zusammenfassend sollen die bis jetzt bekannten Fakten diskutiert werden, wobei zwei alternative Lösungen zur Verfügung stehen:

Lösung 1:
Man beschränkt sich bei der Auswahl der möglichen Flächengleichungen auf ebene Flächen. Damit sind folgende Vorteile verbunden:

- die rechnerinterne Darstellung erfolgt in Form von Polyedermodellen und die Modellierung ist nun wegen der einfachen Schnittbildung ebener Gleichungen durch die Schnittflächen- und Schnittkurvenberechnung realisierbar

- es ist nur ein einfacher Kollisionserkennungsalgorithmus nötig

Dagegen sind folgende Nachteile aufzuführen:

58

- Körper wie Zylinder, Kugel oder Kegelstumpf sind nur durch
eine Vielzahl von Flächen genau zu beschreiben. Damit steigt
die Kollisionserkennungs- und Modellierungszeit sowie der zur
Beschreibung der Körper benötigte Speicherplatz

- im Falle einer Kollision ist das Schnittvolumen in vertret-
barer Rechenzeit nicht zu ermitteln

Lösung 2:
Die Auswahl möglicher Flächengleichungen erstreckt sich auch auf Gleichungen höherer Ordnung. Die Vorteile, die sich daraus ergeben sind:

- die rechnerinterne Darstellung erfolgt durch Primitivvolumenelemente. Damit ist der einfache Modellierungsalgorithmus
durch Abspeichern der Bearbeitungsfolge anwendbar

- Körper wie Kugel, Zylinder, Kegelstumpf sind durch **eine**
Gleichung exakt zu beschreiben

Es ergeben sich folgende Nachteile:

- es sind komplizierte, oft nicht mehr in einer geschlossenen
Form beschreibbare Kollisionserkennungsalgorithmen nötig

- es werden entsprechend des zugelassenen Spektrums an Flä-
chenformen eine Vielzahl spezieller Kollisionserkennungsalgorithmen benötigt

- im Falle einer Kollision ist das Schnittvolumen in vertret-
barer Rechenzeit nicht zu ermitteln

Für die zu realisierende Kollisionserkennung genügt keine der genannten
Lösungsalternativen den Anforderungen nach Abschnitt 4.2, im Gegensatz
zur Anwendung in grafischen Simulationssystemen, wo sich wegen der geringeren Anforderungen an die Genauigkeit und aufgrund der Aufgaben für
die Visualisierung das Polyedermodell nach /10/ als günstig erweist.

4.3.2.2 <u>Verfahren zur Kollisionserkennung bei der Darstellung von Körpern durch Volumengleichungen</u>

Wie bei der Darstellung von Körpern durch deren Oberflächen werden hier Körper durch eine oder mehrere analytische, volumenbeschreibende Gleichungen dargestellt. Das in /34,38/ beschriebene Verfahren benutzt z.B. als einzig verfügbares Volumenelement nur Halbräume. Obwohl eine Beschreibung durch Volumengleichungen erfolgt, wird bei der Modellierung und bei der Kollisionserkennung auf Flächengleichungen und somit auf die im vorheregehenden Abschnitt vorgestellten Verfahren zurückgegriffen. Die Beschreibung durch Volumengleichungen dient dabei als Ersatzdarstellung für eine Flächengleichung mit Flächennormalenvektor.

Dagegen wird in /39/ ein Verfahren beschrieben, das die Kollision zweier Körper auf eine "pseudocharacteristische Funktion" zurückführt. Die Lösung der pseudocharacteristischen Funktion ist dabei als universeller Lösungsalgorithmus zu betrachten. Die Nachteile des in /39/ beschriebenen Verfahrens bestehen darin, daß damit nur die Kollision zwischen konvexen Körpern, die durch Volumenelemente mit maximal 2. Ordnung dargestellt sind, zu lösen ist. Weitere Einschränkungen sind dadurch gegeben, daß die beschreibbaren Primitivvolumenelemente lediglich durch die Schnittmengenbildung zu komplexeren Volumen zusammengesetzt werden können.

4.3.2.3 <u>Verfahren zur Kollisionserkennung bei der diskreten Darstellung von Körpern</u>

Bei den diskreten Modellen (Bild 4.4) erfolgt die Darstellung von Volumen durch eine Anzahl quantisierter Raumeinheiten (Raumquanten). Man unterscheidet kuben- und punktförmige Raumquanten. Die theoretisch mögliche kugel- oder prismenförmigen Raumquanten sind jedoch ohne praktische Bedeutung. Damit sind beliebig komplexe Körpervolumen darstellbar. Die Modellierung sowie die Kollisionserkennung diskret dargestellter Körper ist durch den Vergleich einzelner Raumeinheiten möglich und stellt für einen Raumquant ein einfach zu realisierendes Verfahren dar. Der Gesamtaufwand für eine Kollisionserkennung ergibt sich durch die Gesamtzahl zu

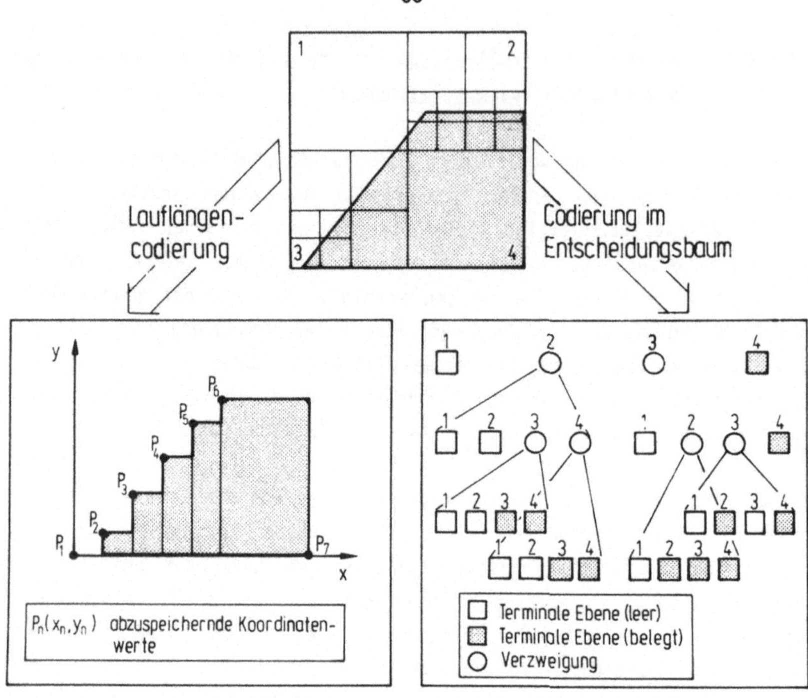

Bild 4.7:   Beispiele für Datenkompressionsverfahren angewandt auf diskret dargestellte Körper.

überprüfender Raumquanten. Diese ist zunächst nur von der Genauigkeit der Geometriebeschreibung abhängig. Soll der Arbeitsraum einer Fertigungseinrichtung mit 1m Kantenlänge mit einer Genauigkeit von 1mm quantisiert werden, dann ergeben sich dafür 10^9 abzuspeichernde Raumquanten. Dies überschreitet aber die Möglichkeiten von Mikrorechnersystemen /40/. Die diskrete Darstellung ist in dieser Form nicht anwendbar. Deshalb muß diese Darstellung durch geeignete Datenkompressionsverfahren in praktikable Speichermodelle überführt werden. Solche Datenkompressionsverfahren sind bekannt aus der Nachrichtentechnik oder der digitalen Bildverarbeitung und können nach /41/ in Lauflängencodierung und in Codierung in Entscheidungsbäumen unterteilt werden.

Wird das Verfahren der Lauflängencodierung auf die punkt- oder kubenförmige Raumquanten angewendet, dann entstehen die in /10,42,43/ noch wei-

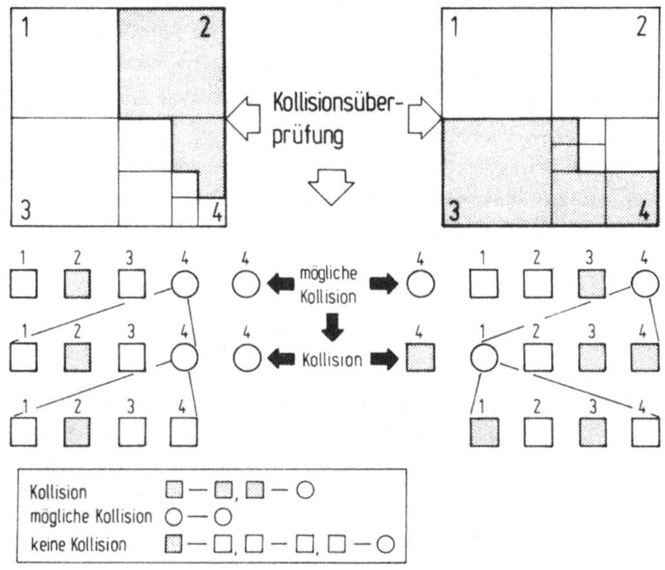

Bild 4.8:   Kollisionserkennung bei Quadtree-Modellen

ter differenzierten Punktmengen- oder Kuboidmodelle, die Codierung im Entscheidungsbaum führt zu den Polytreemodellen /34,44,45/.

Zwei wesentliche Anforderungen an die Speichermodelle, d.h. an die codierte Form der diskreten Modelle, ergeben sich aus deren Einsatz für die Kollisionserkennung. Aus zeitlichen Gründen müssen die Aufgaben wie Modellierung, Kollisionserkennung und Lageaktualisierung direkt im Speichermodell durchführbar sein. Dies ist für Polytreemodelle /44,46/ möglich, wie auch im Bild 4.8 am Beispiel der Kollisionserkennung zweier Quadtreemodelle dargestellt ist. Am Beispiel von 1D-Elementmengenmodellen wird dies in /10,40/ für Punktmengenmodelle dargestellt.

Die Forderung der Konvertierung zwischen diskreten und analytischen Modellen ist dann zu erfüllen, wenn bei einer konkreten Realisierung gleichzeitig mit diskreten und analytischen Modellen zu arbeiten ist. Dann sind hinsichtlich der Konvertierung Polytree- -> analytisches Modell Einschränkungen zu machen /47,48/.

Polytree- und Punktmengenmodelle haben Vorteile bei der Darstellung, Modellierung und Kollisionserkennung komplexer Körper, die mit Hilfe bekannter analytischer Verfahren nicht oder nur sehr aufwendig nachzuvollziehen sind. Bei solchen komplexen Körpern kann aber davon ausgegangen werden, daß die Anzahl der diskreten Raumquanten sehr hoch ist und in Folge davon der Speicherplatzbedarf, sowie die Rechenzeit zur Kollisionserkennung zunimmt. Wie die Realisierung in /40/ beweist wäre damit eine On-line-Kollisionserkennung nicht möglich.

4.4 Verfahren zur Kollisionserkennung bei bewegten Körpern

Bisher erfolgte die Betrachtung von Kollisionen lediglich an ruhenden Körpern. Kollisionen an Fertigungseinrichtungen treten aber nur dann auf, wenn sich Körper relativ zueinander bewegen. Diese Relativbewegung läßt sich, ohne Einschränkung für die Algorithmen, für die nun folgenden Betrachtungen immer durch einen ortsfesten und einen bewegten Körper darstellen. Dabei ist zu berücksichtigen, daß sich bei zwei bewegten Körpern, z.B. bei den Schlitten einer Mehrschlittenmaschine, äußerst komplexe Relativbahnen ergeben können, auch wenn jede Einzelbewegung nur durch Linear- und Zirkularbewegungen charakterisiert ist.
Drei mögliche Verfahren stehen zur Auswahl und sollen diskutiert werden.

4.4.1 Diskretisierung der Bewegungsbahn

Ein einfaches Verfahren zur Berücksichtigung von Bewegungen ist die Auflösung der Gesamtbahn in zeit- oder wegdiskrete Bahnpunkte und die statische Kollisionserkennung an diesen Bahnpunkten. Das Weg- bzw. Zeitintervall ist nach der Größe des zulässigen Fehlers bei der Kollisionserkennung zu wählen, dieser wiederum ist abhängig von Bewegungsbahn, Geschwindigkeit und Geometrie /5/.

Eine untere Grenze für das Überwachungsintervall ist durch die für die statische Kollisionsüberwachung benötigte Rechenzeit gegeben. Geht man von einer Eilgangsgeschwindigkeit von 10 m/min und von der genannten Genauigkeitsanforderung von 0,5 mm aus, dann ergibt sich für das Kollisionsüberwachungszeitintervall ein Wert von 3 ms. Dieser Wert liegt in der Größenordnung des Lageregeltakts, und man kann davon ausgehen, daß innerhalb dieser Zeit mit der heutigen Gerätetechnik keine Kollisionserkennung durchführbar ist, die den hier aufgeführten Anforderungen entspricht.

4.4.2 Hüllkörpergenerierung

Bei der Hüllkörpergenerierung können zwei prinzipielle Verfahren, die **zeitliche** und **geometrische** Hüllkörpergenerierung, unterschieden werden:

Bei einem durch eine analytische Gleichung dargestellten Körper kann die Bewegung des statischen Körpers berücksichtigt werden, wenn die Gleichungen neben den drei Raumkoordinaten um eine vierte Zeitachse zur Darstellung von Körperlage und Orientierung erweitert werden (**zeitliche Hüllkörpergenerierung**). Die Kollisionserkennung zweier solcher Körper erfolgt dann in einem 4D-Raum. Der Aufwand zur Bildung und zur Lösung solcher Gleichungen ist aber nur für einfache Relativbahnen vertretbar, so daß sich bekannte Verfahren /34,49/ ausschließlich auf translatorische Bewegungen beschränken. Desweiteren ergeben sich Nachteile bei der praktischen Umsetzung, weil die Geometrie- und Bewegungsdefinition **gemeinsam** in einer Gleichung erfolgt. In einer Fertigungseinrichtung erfolgt aber die Bewegung programmgesteuert durch die NC-Steuerdaten und damit getrennt vom Vorgang bei der Definition der Körpergeometrien.

Bei der **geometrischen Hüllkörpergenerierung** wird der von einem Körper während seiner Relativbewegung durchstrichene Raum als geometrischer Hüllkörper beschrieben /10,28/. Die Kollisionskontrolle erfolgt dann mit dem quasiortsfesten Hüllkörper.
Bei diskret dargestellten Körpern erfolgt die Generierung durch die logische Verknüpfung des statischen Körpers entlang zeit- oder wegdiskreter Bahnstützpunkte. Der Gesamtaufwand zur Kollisionserkennung unterscheidet sich dann aber nur unwesentlich vom Verfahren mit der Diskretisierung der Bewegungsbahn (Kapitel 4.4.1).
Bei der Darstellung mit analytischen Gleichungen entsteht bereits bei

einer 3-achsigen Linearbewegung eines Zylinders ein Hüllkörper der durch wenige einfache analytische Gleichungen nicht mehr beschreibbar ist. Eine Hüllkörpergenerierung ist bei vertretbarem Aufwand nur für Polyedermodelle und bei linearen Bewegungen möglich /10,28/. Deshalb müssen bei dieser Lösung zirkulare oder durch Relativbewegung entstehende komplexe Bahnen durch stückweise Linearisierung angenähert werden.

4.4.3   <u>Analyse des Verlaufes der minimalen Distanz</u>

Verfolgt man den Verlauf der minimalen Distanz zwischen zwei bewegten Körpern, dann ergeben sich nach /50/ für lineare und zirkulare Relativbewegungen und bei kubischen Körpern charakteristische Verläufe für diese Distanz (Bild 4.9). Dabei gliedert sich der Verlauf, bis auf Sonderfälle, immer in zwei lineare Bereiche (Bereich I und III) und einen nichtlinearen Übergangsbereich (Bereich II). Für die Kollision interessiert aber nur die minimale Distanz im Übergangsbereich dieser Kurve. Die Kurve wird wegen der genannten Charakteristik in /50/ durch eine Po-

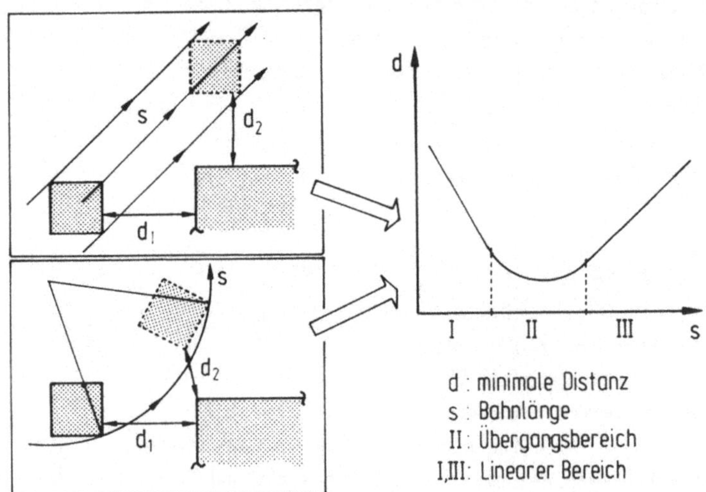

Bild 4.9:   Charakteristischer Verlauf der minimalen Distanz bei linearer und zirkularer Relitivbewegung zweier konvexer Körper

lynomgleichung 2. Ordnung angenähert. Dazu sind dem realen Verlauf der minimalen Distanz lediglich 3 Proben zu entnehmen. Der gesamte Rechenaufwand läßt sich somit erheblich reduzieren.

Dies setzt voraus, daß die minimale Distanz zwischen zwei Körpern bestimmbar ist. Aber bereits bei der Bestimmung der Distanz zwischen zwei beliebig im Raum plazierten Zylindern sind keine mathematisch geschlossenen Lösungen bestimmbar. So muß davon ausgegangen werden, daß die Berechnung nur für einfache Körper mit ebenen Flächen bei vertretbarem Aufwand möglich ist. Dies bestätigt auch die genannte Realisierung, die ausschließlich mit rechteckförmigen Körpern arbeitet.

4.5 **Bewertung der Verfahren**

In Tabelle 4.1 sind die betrachteten Verfahren zur rechnerinternen Darstellung von Körpern gegenübergestellt. Die diskrete Darstellung bietet insgesamt die einfachsten Algorithmen zur Kollisionserkennung und Modellierung und ist deshalb zunächst für die Realisierung auf einem Mikrorechner, vor allem aus zeitlichen Gründen, geeignet. Bei Aufgabenstellungen wie z.B. der grafischen Simulation, wo eine Quantisierung bezogen auf den Bildschirm von 50^3 Stufen /10/ oder ein Bildspeicher mit 1024x1024 Bildpunkten /41/ ausreichend ist, erfordern die Genauigkeiten für eine Kollisionserkennung eine weitaus höhere Quantisierung. Damit geht der Vorteil diskreter Modelle verloren, weil durch die große Zahl zu verarbeitender Raumeinheiten die Gesamtverarbeitungszeit stark zunimmt. Außerdem kann der von dieser Darstellung benötigte Speicherplatz von der zugrundegelegten Gerätetechnik nicht bereitgestellt werden.

Von den verbleibenden analytischen Darstellungen von Körpern ist das Verfahren mit der Beschreibung durch Flächengleichungen wegen der umfangreichen Kollisionserkennungsalgorithmik oder wegen Nichterfüllung der Genauigkeitsanforderungen ebenfalls für den vorgesehenen Einsatz nicht geeignet.

Hier bietet das in Abschnitt 4.3.2.2 beschriebene Verfahren /39/ Vorteile. Demgegenüber stehen die Einschränkungen bezüglich der Auswahlmöglichkeiten der beschreibbaren Körperformen und den anwendbaren Verknüpfungsalgorithmen.

Kriterien \ Rechnerinterne Darstellung	Darstellung durch Flächengleichung	Darstellung durch Volumengleichung	Diskrete Darstellung
Realisierung			
Darstellbarkeit von Körpern	◐	◐	◐
Speicherplatzbedarf	●	●	○
Zugriffsgeschwindigkeit	◐	●	○
Kollisionserkennung:			
Geschwindigkeit	◐	◐	○
Allgemeingültigkeit	○	●	●
Informationsgehalt	○	○	◐

○ Anforderungen werden nicht erfüllt
◐ Anforderungen werden teilweise erfüllt
● Anforderungen werden erfüllt

Tabelle 4.1:   Bewertung von Verfahren zur rechnerinternen Darstellung von Körpern für die Kollisionserkennung

Insgesamt erfüllen aber alle genannten Verfahren nicht die in Abschnitt 4.2 gestellten Anforderungen hinsichtlich der für eine effektive Kollisionsauswertung bereitzustellenden Zusatzinformationen.

Von den Verfahren zur Kollisionserkennung bei bewegten Körpern wäre die Methode der Analyse des minimalen Distanzverlaufs /50/ bezüglich des gesamten Rechenaufwandes den anderen Verfahren vorzuziehen. Die Beschränkung, dann nur noch rechteckförmige Körper bei ausschließlich translatorischen oder rotatorischen Relativbewegungen einzusetzen, erfüllt aber nicht mehr die Anforderungen an die geometrische Genauigkeit.
Es ist deshalb ein Verfahren zur rechnerinternen Darstellung von Körpern zu entwickeln, das auf die besonderen Belange einer Kollisionsüberwachung zugeschnitten ist und auch die minimale Distanzanalyse /50/ unterstützt. Gleichzeitig ist das Verfahren der minimalen Distanzanalyse in der Form zu erweitern, daß es für beliebige Körperformen und Raumkurven einsetzbar ist.

5   Distanzfelddarstellung von Körpern

5.1   Grundlagen der Distanzfeldbeschreibung

In /39/ wird mathematisch formal ein Gleichungssystem zur Beschreibung
von Kollisionen zwischen Körpern vorgestellt. Geht man von den in den
folgenden Abschnitten aufgeführten geometrischen Modellvorstellungen aus
und wendet darauf die mathematischen Regeln der Feldtheorie an, dann
läßt sich das formale Gleichungssystem nach /39/ und im besonderen die
Anwendungen in dem Maße erweitern, daß daraus ein effektives Werkzeug
zur Kollisionserkennung entwickelt werden kann. Zunächst wird ein geometrisches Gedankenmodell zur Körperbeschreibung vorgestellt, um anschließend daraus die Anforderungen an mathematische Gleichungen abzuleiten.

5.1.1   Geometrisches Gedankenmodell

Geht man dazu über, bei der Abstraktion nicht die Körpergeometrie in
Form von Oberflächen oder Volumen zu beschreiben, sondern den Raum, in
dem sich ein Körper befindet, dann kann folgendes geometrische Gedankenmodell entwickelt werden: Zu jedem beliebigen Raumpunkt wird ein skalarer Wert definiert, der die kürzeste Entfernung (Distanz) zu der zu beschreibenden Körperoberfläche repräsentiert. Zur Veranschaulichung sind
in Bild 5.1 die Distanzen zu einem "ebenen" Körper in einem Diagramm
dargestellt. Da sich die skalaren Distanzen zu dreidimensionalen Körpern
in der Zeichenebene nicht darstellen lassen, erfolgt hier wie auch in
den folgenden Schaubildern eine Reduzierung der Dimensionalität auf die
Betrachtung ebener Verhältnisse.

Die Gleichung

$$d = f[\mathbf{x}] \qquad\qquad (5.1)$$
$$\text{mit } \mathbf{x} = (x_1,\ x_2,\ x_3)$$

soll die Distanz d an jedem beliebigen Raumpunkt $\mathbf{x}$ zur Körperoberfläche
beschreiben. Zur Unterscheidung von Raumpunkten innerhalb oder außerhalb

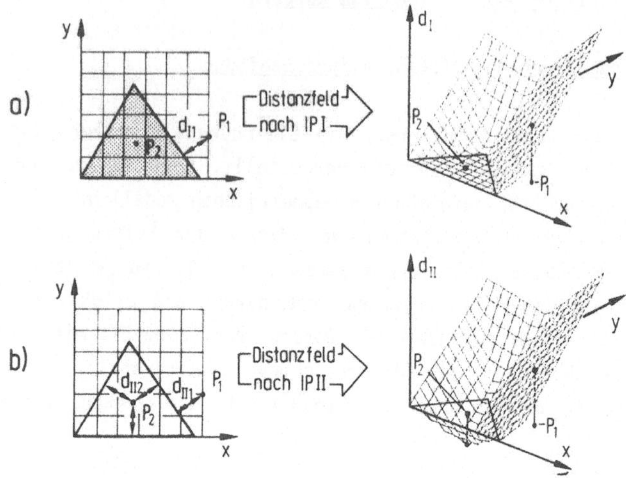

Bild 5.1:   Distanzfelder nach Interpretationsvorschrift IP I a) und nach Interpretationsvorschrift IP II b)

eines Körpers werden für d zwei unterschiedliche Interpretationsvorschriften vereinbart.

Interpretationsvorschrift IP I: (Bild 5.1 a)

Ist die Distanz zum Körper an einem Raumpunkt **x** gleich null ($d_I = 0$), dann liegt **x** im Körper oder auf der Körperoberfläche.   (5.2 a)

Für $d_I > 0$ befindet sich **x** außerhalb des Körpers und d_I beschreibt die Distanz zum Körper.   (5.2 b)

Interpretationsvorschrift IP II: (Bild 5.1 b)

Ist die Distanz zum Körper an einem Raumpunkt **x** gleich null ($d_{II} = 0$), dann liegt **x** auf der Körperoberfläche.   (5.3 a)

Für $d_{II} > 0$ befindet sich **x** außerhalb des Körpers und d_{II} beschreibt die Distanz zum Körper.   (5.3 b)

Für $d_{II} < 0$ befindet sich x innerhalb des Körpers und d_{II} beschreibt die Eindringtiefe in den Körper am Punkt x.

$$(5.3 \text{ c})$$

Im Vorgriff auf noch folgende Abschnitte soll bereits an dieser Stelle eine Begründung für beide Interpretationsvorschriften erfolgen. Für die geometrische Kollisionsbetrachtung bietet die Vorschrift (5.2) Vorteile wegen der einfacheren Beschreibung der Kollision zweier Körper, während (5.3) wegen zusätzlicher Informationen über die Eindringtiefe (5.3 c) Vorteile bei der Berücksichtigung technologischer Kollisionen aufweist. Dadurch wird der Grad der Überlappung zweier kollidierender Körper bestimmbar. Für die programmtechnische Realisierung der Algorithmen nach Gleichung (5.1) ergeben sich vernachlässigbare Aufwendungen zur Bestimmung der Distanz d nach IP I oder IP II, so daß immer davon ausgegangen werden kann, daß beide Werte zur Verfügung stehen. Die nun folgenden Überlegungen sollen wegen der gleichberechtigten Bedeutung für die Kollisionserkennung sowohl für IP I als auch für IP II durchgeführt werden. Für solche Gleichungen, bei denen sich Unterschiede durch die verschiedenen Interpretationsvorschriften ergeben, wird zur Unterscheidung eine Indizierung mit I und II eingeführt. Gleichungen und Aussagen ohne Indizierung besitzen dagegen Gültigkeit für IP I und IP II.

Mit Gleichung (5.1) und den Interpretationsvorschriften IP I (5.2) und IP II (5.3) ist das Volumen eines Körpers exakt beschrieben, denn für jeden Raumpunkt kann eindeutig festgestellt werden, ob sich dieser innerhalb oder außerhalb des Körpers befindet.

Das Gleichungssystem (5.1) stellt im mathematischen Sinne ein skalares, zeitlich invariantes Feld dar. Ein solches Feld, das die Eigenschaften (5.2) bzw. (5.3) besitzt, wird im folgenden als **Distanzfeld** oder **Distanzgleichung** bezeichnet. Für das Distanzfeld sollen zusätzliche, für die weitere Entwicklung wichtige, Eigenschaften festgelegt werden.

Für d = const. erhält man alle Raumpunkte mit gleicher Distanz vom Körper. Sie sollen eine Fläche (Äquipotentialfläche), bzw. eine Linie, für den ebenen Fall bilden.

Bildet man den Vektor

$$\mathbf{e} = \mathrm{grad}\ d = (e_{x1},\ e_{x2},\ e_{x3})$$

$$= (\frac{\partial d}{\partial x_1},\ \frac{\partial d}{\partial x_2},\ \frac{\partial d}{\partial x_3}) \qquad (5.4)$$

dann soll durch (5.4) jedem Raumpunkt ein Vektor zugeordnet werden, der senkrecht auf der Äquipotentialfläche steht und in die Richtung zeigt, in der die Distanz am stärksten zunimmt. Die Kurve, für die in jedem Raumpunkt der Vektor **e** ein Tangentenvektor ist, wird als **Distanzänderungskurve** oder **Feldlinie** des Distanzfeldes bezeichnet und beschreibt den Weg, um sich von einem Raumpunkt aus am schnellsten vom Körper zu entfernen (Bild 5.2). Diese Information kann beim geplanten Einsatz zur Bestimmung von Ausweichwegen oder für Freifahrstrategien zur Anwendung kommen. Die Betragslänge des Vektors ist ein Maß dafür wie schnell sich die Distanz ändert (**Distanzänderungsgeschwindigkeit**), wenn man der Gradientenrichtung folgt. Für **e** gilt dann

nach IP I

> mit (5.2 a):
> $e_I \neq 0$, wenn $d_I > 0$, also für alle Raumpunkte außerhalb des Körpers. $\qquad (5.5\ a)$

> mit (5.2 b):
> $e_I = 0$, wenn $d_I = 0$, also für alle Raumpunkte innerhalb des Körpers oder auf der Körperoberfläche. $\qquad (5.5\ b)$
> $(\mathbf{0} = (0,0,0))$

nach IP II (5.3) gilt (5.5 a) für alle Raumpunkte, d.h.

$$e_{II} \neq 0 \qquad\qquad (5.5\ c)$$

Gleichung (5.4) ist ein vektorielles Feld und wird als **Distanzänderungsfeld** oder **Gradient** des Distanzfeldes bezeichnet.

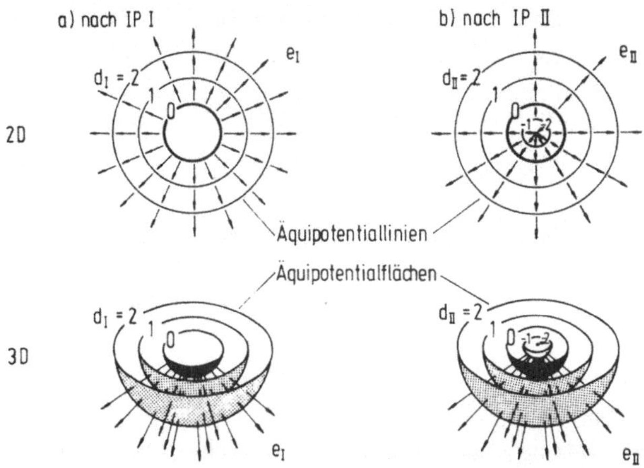

Bild 5.2:   Äquipotentialflächen (Äquipotentiallinien) und Distanzänderungsfeld nach Interpretationsvorschrift IP I a) und IP II b)

5.1.2   Anforderungen an ein mathematisches Modell

Die verbale Formulierung von Eigenschaften des Distanz- und Distanzänderungsfeldes ergeben sich aus der geometrischen Vorstellung. Wird ein Körper nach der Distanzfeldmethode in Form einer mathematischen Gleichung beschrieben, dann muß die Gleichung die Eigenschaften des geometrischen Modells beschreiben. Es müssen deshalb die folgenden mathematischen Eigenschaften von Distanz- und Distanzänderungsfeld erfüllt werden.

Bei der Betrachtung von Feldern sind zunächst zwei, die grundlegende Natur von Feldern beschreibende, Eigenschaften zu untersuchen. Es sind dies die Größen, die die Rotation und die Quellfähigkeit von Feldern beschreiben.

Ein skalares Distanzfeld (5.1) mit eindeutig zuordnungsfähigen Äquipotentialflächen ist nur dann gegeben, wenn sich quer zum Gradienten des Distanzfeldes (5.4) die Betragslänge des Gradienten, also die Distanzänderungsgeschwindigkeit, nicht ändert. Dies ist aber die aus der Strömungslehre bekannte, verbale Beschreibung für die Wirbelfreiheit eines Feldes. Ein vektorielles Feld **e** nach Gleichung (5.4) muß deshalb die Forderung (5.6 a) erfüllen.

rot **e** = rot grad d

$$= (\frac{\partial e_{x3}}{\partial x_2} - \frac{\partial e_{x2}}{\partial x_3}, \frac{\partial e_{x1}}{\partial x_3} - \frac{\partial e_{x3}}{\partial x_1}, \frac{\partial e_{x1}}{\partial x_2} - \frac{\partial e_{x2}}{\partial x_1}) = 0 \quad (5.6\ a)$$

Dies ist auch aus der Anschauung heraus ersichtlich, denn die Äquidistanten sollen durch eine "gleichförmige" Ausbreitung von der Körperoberfläche entstehen. Zum Nachweis eines Wirbels bzw. der Wirbelfreiheit für ein bestimmtes, nicht unbedingt ebenes Flächengebiet A dient der Stoke'sche Integralsatz

$$\int_A \text{rot } \mathbf{e} \ d\mathbf{A} = \oint_C \mathbf{e} \ d\mathbf{s} \qquad\qquad (5.6\ b)$$

(d**s** = Wegelement auf **c**)

mit dessen Anwendung die Bestimmung des Vektoroperators in die Lösung eines geschlossenen Linienintegrals überführt werden kann /51/. Das vom Weg c umrandete Gebiet ist wirbelfrei, wenn man auf dem Weg c durch die Vektoren des Gradientenfeldes **e** genauso stark "verzögert" wie "beschleunigt" wird.
Berücksichtigt man nun noch, daß das Körperinnere nach IP I (5.2 b) und (5.5 b) feldfrei ist, dann muß in der Körperoberfläche die Quelle des vektoriellen Feldes e_I liegen. Dagegen befinden sich nach IP II (5.3) die Quellen im Symmetriepunkt, bzw. in der Symmetrielinie des Körpers, oder im Unendlichen (Bild 5.3). Es gilt allgemein:

div **e** = div grad d

$$= (\frac{\partial e_{x1}}{\partial x_1} + \frac{\partial e_{x2}}{\partial x_2} + \frac{\partial e_{x3}}{\partial x_3}) \neq 0 \qquad\qquad (5.6\ c)$$

Eine Vorschrift zum Nachweis dafür, daß die Quellen (div $e > 0$) oder Senken (div $e < 0$) eines Feldes innerhalb eines bestimmten Gebietes liegen, erhält man aus dem Gauß'schen Integralsatz /51/.

$$\int_V \text{div } e \ dV = \oint_A e \ dA \qquad\qquad (5.6 \text{ d})$$

Nach (5.6 d) ist die Quellfähigkeit eines Volumens V durch das Aufsummieren (Integration) der durch die das Volumen umhüllende Oberfläche ein- und ausdringenden Feldlinien zu bestimmen /52/.

Demnach ergibt sich nach IP I:

$$\text{div } e_I > 0, \qquad\qquad (5.6 \text{ e})$$
wenn über einen Teil der Körperoberfläche
integriert wird und

$$\text{div } e_I = 0, \qquad\qquad (5.6 \text{ f})$$
außerhalb der Körperoberfläche,

und nach IP II:

$$\text{div } e_{II} > 0, \qquad\qquad (5.6 \text{ g})$$
wenn über die Symmetrielinie oder den
Symmetriepunkt integriert wird und

$$\text{div } e_{II} = 0, \text{ für verbleibende Integrationsgebiete.} \qquad (5.6 \text{ h})$$

Ausnahmen von Gleichung (5.6 f) und (5.6 h) sind möglich, wenn sich Senken innerhalb des Integrationsgebietes befinden. In Bild 5.4 sind zur Veranschaulichung verschiedene Fälle aufgeführt.

Neben den Voraussetzungen (5.6), die lediglich die Natur des Feldes festlegen, sind weitere Eigenschaften zu erfüllen, die die eigentliche Beziehung zwischen der mathematischen Größe d und der Vorstellung, die d als kleinste Entfernung eines Raumpunktes von einem Körper interpre-

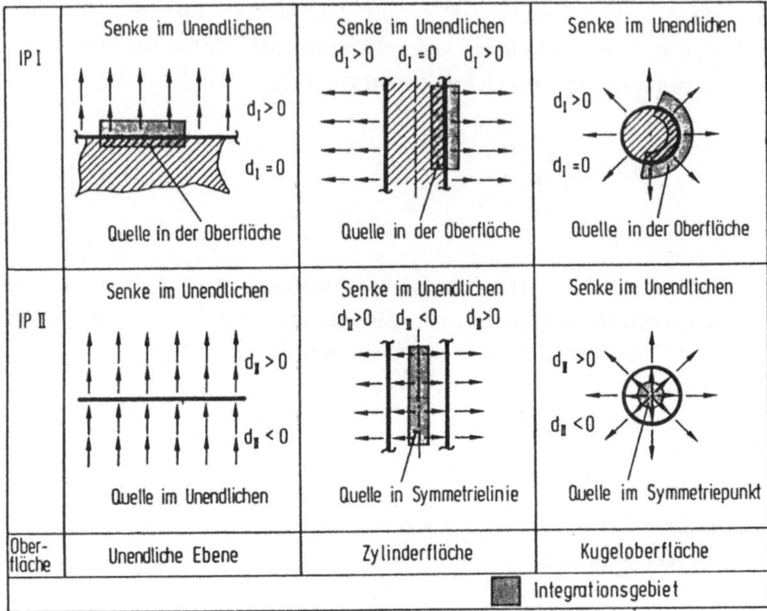

Bild 5.3:   Quellen und Senken von Distanzfeldern nach Interpretationsvorschrift I und II

tiert, herstellen. Dies ist dann der Fall, wenn für die Betragslänge des Distanzänderungsfeldes gilt:

$$|\text{grad } \mathbf{e}_I| = \text{const} > 0,$$
für alle Raumpunkte außerhalb des Körpers, bzw.   (5.6 i)

$$|\text{grad } \mathbf{e}_{II}| = \text{const} > 0,$$
sonst.

Die Erfüllung von Gleichung (5.6 i) sorgt für eine **geometrisch äquidistante Potentialfläche** zur Körperoberfläche und für einen **linear steigenden Verlauf der Distanz** entlang der Feldlinien. Gleichung (5.6 i) ist aber nur erfüllbar für Distanzfelder, die durch Polynome der Ordnung kleiner oder gleich eins beschrieben sind. Dies stellt aber eine allzu

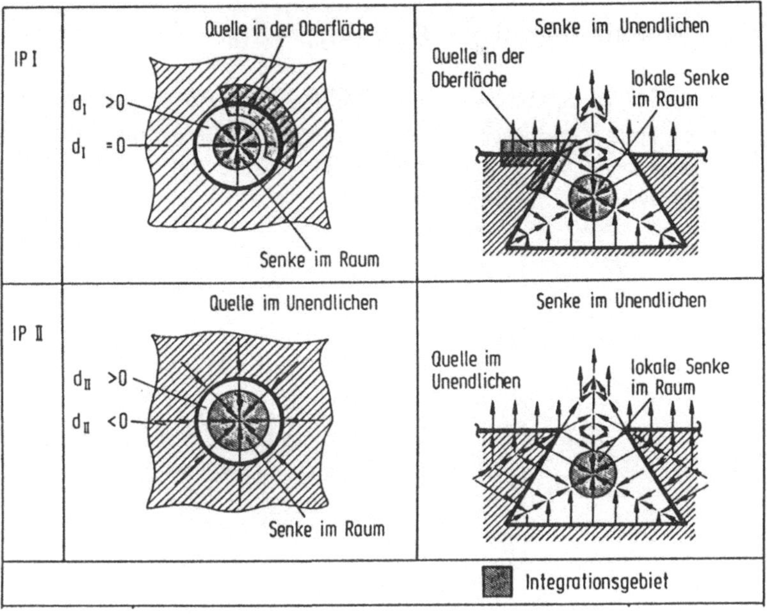

Bild 5.4:   Distanzfelder mit Senken im Raum

große Einschränkung bei der Verwendung unterschiedlicher Körperformen dar. Deshalb soll anstelle (5.6 i) ein weniger strenges Kriterium formuliert werden:

> Wenn für zwei beliebige Raumpunkte x_1, x_2 auf einer Feldlinie mit den Distanzen d_1, $d_2 > 0$, oder d_1, $d_2 < 0$ und $|d_1| > |d_2|$ gilt, dann ist x_1 weiter von der Körperoberfläche entfernt als x_2. (5.6 k)

Eine Gleichung mit der Eigenschaft (5.6) wird auch als unimodale Gleichung bezeichnet. Die Erweiterung der Anforderungen auf unimodale Distanzverläufe hat Auswirkungen auf die geometrische Vorstellung, die im folgenden unter dem Aspekt der Kollisionsproblematik betrachtet werden soll. Zur Unterscheidung der Distanzen und Gradienten des geometrischen Gedankenmodells von den errechneten Größen eines mathematischen Feldes erfolgt eine Indizierung (d_{geo}, d_{math}, e_{geo}, e_{math}).

Ein Distanzfeld d_{math}, das die Forderung (5.6 k) erfüllt, hat gegenüber d_{geo} keinen linear steigenden Verlauf von d_{math} entlang einer Feldlinie, liefert aber dennoch ein allerdings nichtlineares Maß für die Distanz eines Raumpunktes zur Körperoberfläche (Bild 5.5).

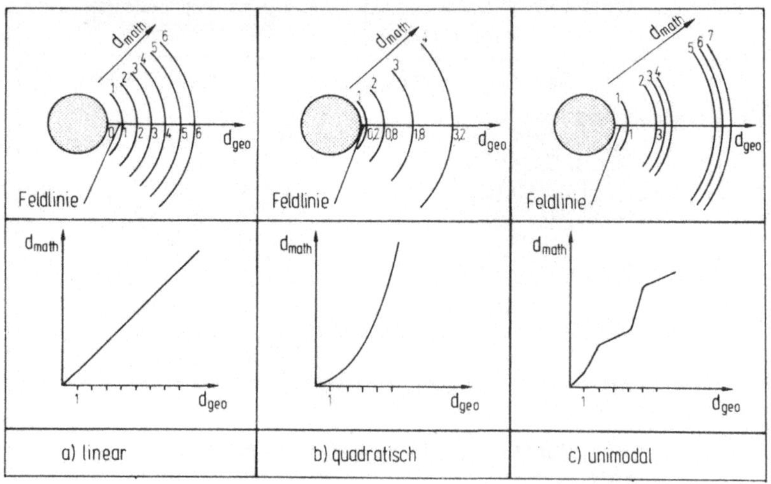

Bild 5.5:   Distanzverläufe entlang einer Feldlinie

Für alle Gleichungen, bei denen die Komponenten des Gradienten unterschiedlich sind (z.B. Ellipsoide, Parabolloide), d.h. von der Ausbreitungsrichtung abhängige unterschiedliche Distanzänderungsgeschwindigkeiten besitzen, repräsentieren die mathematischen Äquipotentialflächen nicht die geometrisch äquidistanten Potentialflächen (Bild 5.6). Gleichungssysteme, die dies erfüllen, sind oft nicht eindeutig (Bild 5.6 b) und nur iterativ zu lösen. Sie sind deshalb für den geplanten Einsatz nicht verwendbar.

Im Nahbereich des Körpers stellt aber das Distanzfeld d_{math} eine Näherungslösung für die geometrische Distanz dar wobei zum Nahbereich die Raumpunkte gezählt werden, deren Distanz $|d_{geo}|$ sehr viel kleiner als die geometrischen Körperabmessungen ist. Im Fernbereich des Körpers in-

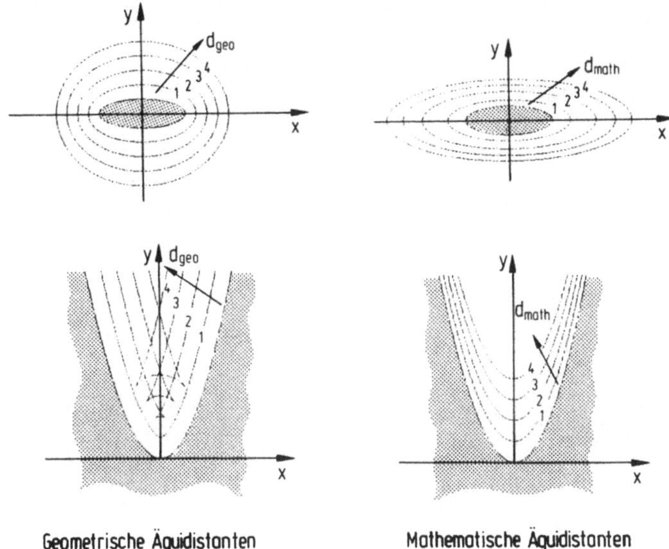

Bild 5.6:   Geometrische und mathematische Äquidistanten

teressiert aber eine "fehlerhafte" Distanz d_{math} dann nicht, wenn eine Sicherheitsentfernung, die der Fernbereich darstellt, nicht unterschritten wird. Am Beispiel eines Ellipsoids soll dies näher betrachtet werden. Verfolgt man den Verlauf von d_{math} entlang der x- und y- Achse, dann lassen sich aus der Ellipsengleichung die Gleichungen für

$$d_{mathx} = x^2 / a^2 \quad \text{und} \quad d_{mathy} = y^2 / b^2 \quad \text{ableiten.}$$

Die Differenz von d_{mathx} und d_{mathy} ist im Nahbereich, d.h. für x,y bzw. $d_{geo} \ll \min [a,b]$, vernachlässigbar. Die Differenz zwischen den Distanzverläufen (d_{mathx}, d_{mathy}) steigt quadratisch und ist umso stärker, je größer der Unterschied in der Distanzänderungsgeschwindigkeit an den betrachteten Punkten ist. Führt man für d_{math} eine Linearisierung durch, dann steigt die Differenz zwischen den Distanzverläufen ebenfalls nur linear, und der Gültigkeitsbereich des Nahbereichs wird erweitert.
Zur Realisierung kann eine einfache Linearisierung für den Nahbereich

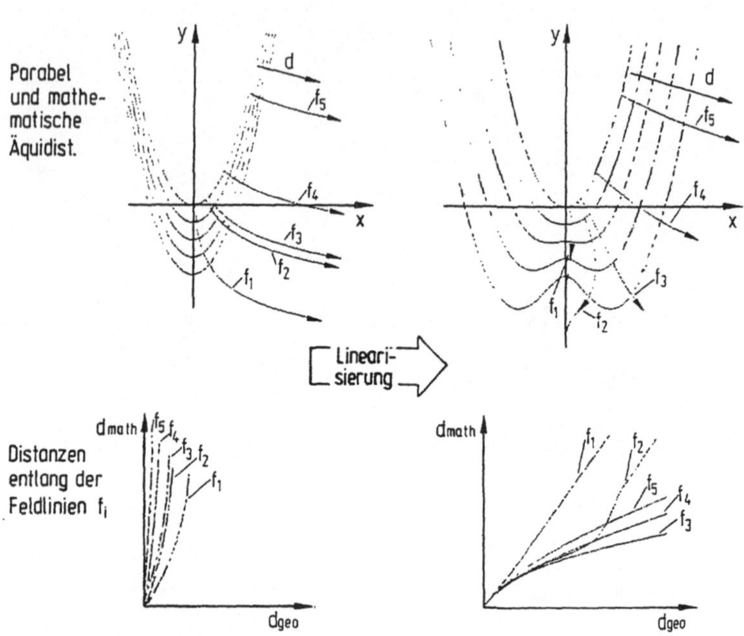

Bild 5.7: Einfluß der Linearisierung der mathematischen Distanzen im Nahbereich

erfolgen, wenn die mathematischen Distanzen durch die Betragslänge der Distanzänderungsgeschwindigkeiten dividiert werden.

$$d_{math\ lin} = d_{math} / \left| grad\ d \right|$$

Der Einfluß dieser Linearisierung ist am Beispiel einer Parabel in Bild 5.7 dargestellt.

Für die Kollisionsuntersuchungen ist also ein Distanzfeld mit der Eigenschaft (5.6 k) ausreichend. Deshalb sind im folgenden unter Distanz und Gradient die Größen des **mathematischen** Modells zu verstehen. Solche Distanz- und Gradientenfelder mit exakter Übereinstimmung des geometrischen und mathematischen Modells (5.6 i) sollen als **strenge Distanzfelder** bezeichnet werden.

5.2   __Distanzfelder realer Körper__

Die Eigenschaften (5.6) müssen von mathematischen Feldgleichungen erfüllt werden, wenn sie als Distanzgleichung für Kollisionsbetrachtungen verwendet werden. Es soll nun anhand von Gleichungen realer Körper untersucht werden, inwieweit diese Eigenschaften erfüllbar sind. Da eine Implementierung der Algorithmen auf Mikrorechner von Steuerungssystemen geplant ist, sollen wegen der einfacheren Rechenoperationen ausschließlich Polynomgleichungen als Distanzfeldgleichungen verwendet werden.

5.2.1   __Körper 1. Ordnung__

Ein Körper ist von der Ordnung 1, wenn er durch die Polynomgleichung 1. Ordnung (5.7) dargestellt werden kann.

$$d_{II} = a_0 + a^T x \qquad\qquad (5.7\ a)$$

$$\text{mit } a^T = (a_1,\ a_2,\ a_3)$$
$$\text{und } x^T = (x_1,\ x_2,\ x_3)$$

(Anmerkung: x^T, a^T sind die transponierten Vektoren der
                 Spaltenvektoren x, a.)

Gleichung (5.7 a) stellt für $d = 0$ eine unendlich ausgedehnte Ebene dar, wobei die Koeffizienten a_0, ..., a_3 deren Lage und Orientierung im kartesischen Koordinatensystem bestimmen. Der Gradient ergibt sich durch Bildung der Richtungsableitung.

$$e = \text{grad } d = a \qquad\qquad (5.7\ b)$$

Die Gleichung (5.7 b) ist wirbelfrei, wie man durch Anwendung des Vektoroperators (5.6 a) feststellen kann. Die Quellen von (5.7 b) liegen im Unendlichen und d besitzt auf einer Seite der Oberfläche nur negative Werte, so daß die Forderung (5.6 c) nicht erfüllt ist. Demnach stellt die Gleichung (5.7) ein Distanzfeld nach IP II dar. Deshalb wird das skalare und vektorielle Feld (5.7) einer Abbildung mit folgender Vorschrift unterworfen:

> für $d \geq 0$ gelten die Werte von d und grad d, wie sie sich aus (5.7) errechnen,

> für $d < 0$ wird $d = 0$ und grad $d = 0$ gesetzt. $\qquad$ (5.8)

Die Abbildung (5.8) erzwingt die Interpretationsvorschrift I (5.2, 5.5) und verlagert die Quellen des Feldes vom Unendlichen in die Körperoberfläche wie man durch Bildung des Oberflächenintegrals (5.6 d) nachweisen kann. Da außerdem die Betragslänge des Gradienten (5.7 b) konstant ist, genügen die Gleichungen (5.7) allen Anforderungen (5.6), insbesondere (5.6 i) und stellen somit ein **strenges Distanzfeld** dar, das einen unendlich ausgedehnten Körper beschreibt, der eine Hälfte des Raumes erfüllt.

5.2.2 $\qquad$ <u>Körper 2. Ordnung</u>

Bei der Beschreibung von Körpern 2. Ordnung soll zunächst von der allgemeinen quadratischen Gleichung ausgegangen werden.

$$d_{II} = a_0 + \mathbf{a}^T \mathbf{x} + \tfrac{1}{2} \mathbf{x}^T \mathbf{A} \mathbf{x} \qquad (5.9\ a)$$

$$\text{mit } \mathbf{a}^T = (a_1,\ a_2,\ a_3),$$
$$\mathbf{x}^T = (x_1,\ x_2,\ x_3),$$
$$a_{ij} = \partial^2 d\ /\ \partial x_i \cdot \partial x_j \qquad i,j = 1\ldots 3.$$

Für $d = 0$ beschreibt (5.9 a) Oberflächen wie Kugel, Ellipsoid, elliptischer Paraboloid, elliptischer Zylinder, elliptischer Kegel, Hyperboloide u.s.w. /53/. Der Wert der Koeffizienten a_0 (freies Glied), a_1, a_2, a_3 (lineare Glieder) und a_{11}, a_{12}, $\ldots$, a_{33} (quadratische Glieder) bestimmen dabei die Form, Lage und Orientierung der Körperoberfläche im Raum. Das Vorzeichen von d bestimmt, auf welcher Seite der Oberfläche sich das Volumen befindet. So wird, wie im Beispiel in Bild 5.8 dargestellt aus dem zylindrischen "Bohrer" durch Vorzeichenumkehr (Negation) das zylindrische "Bohrloch". Durch die Negation werden die Eigenschaften eines Distanzfeldes nicht verändert.

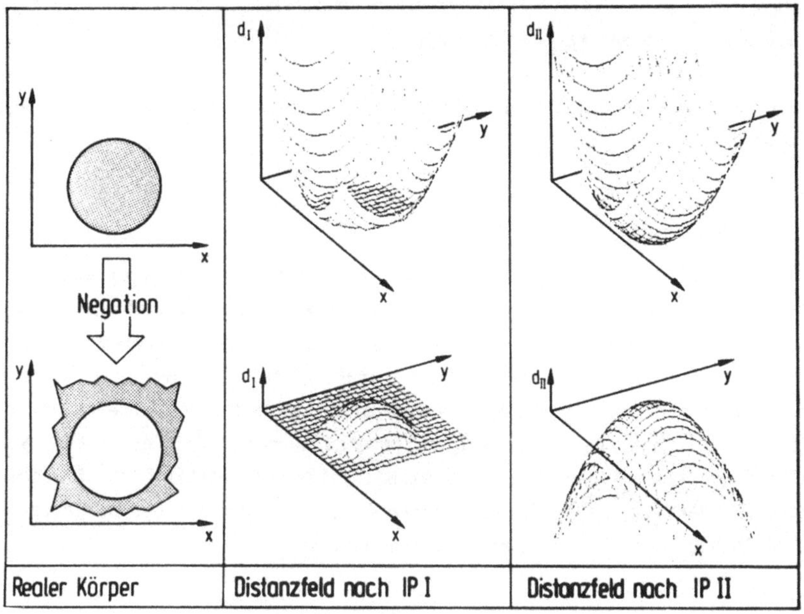

Bild 5.8: Negation des Distanzfeldes eines Körpers 2. Ordnung (Zylinder)

Der Gradient der allgemeinen Gleichung 2. Ordnung errechnet sich zu:

$$\text{grad } d_{II} = a + A\,x \qquad\qquad (5.9\ b)$$

Die Anwendung des Vektoroperators (5.6 a) beweist, daß (5.9 b) wirbelfrei ist und somit ein Distanzfeld nach IP II darstellt. Durch Anwendung der im vorigen Abschnitt beschriebenen Abbildung (5.8) werden die Gleichungen (5.9) in ein Distanzfeld nach IP I überführt. Da die allgemeine Gleichung (5.9) alle Anforderungen nach (5.6) erfüllt, gilt dies auch für alle Sonderfälle der allgemeinen Gleichung 2. Ordnung. Wegen der quadratischen Natur der Distanzgleichung (5.9 a) steht der Gradient in linearer Abhängigkeit vom Raumpunkt x, d.h. das Distanzfeld (5.9 a) stellt deshalb nach (5.6 k) eine zulässige Näherungslösung dar.

5.2.3   Körper höherer Ordnung

Geht man von der allgemeinen Gleichung 3. Ordnung aus, mit der Abhängigkeit der Distanz vom Raumpunkt **x**

$$d = f\,[x_1,\ x_1^2,\ x_1^3,\ x_2,\ x_2^2,\ x_2^3,\ x_3,\ x_3^2,\ x_3^3],$$

dann ergibt sich für die Gleichung dessen Gradienten in allen Komponenten eine quadratische Abhängigkeit vom Raumpunkt **x**. Wendet man darauf die Vektoroperation (5.6 a) an, dann läßt sich daraus keine absolute Aussage über die Wirbelfreiheit ableiten. Entsprechendes gilt deshalb auch für alle allgemeinen Gleichungen mit Ordnungen $\geq$ 3. Die Nichterfüllung von (5.6 a) durch die allgemeine Gleichung schließt nicht aus, daß für Sonderfälle dieser Gleichung Wirbelfreiheit erreichbar ist. Ein solcher Sonderfall stellt die bikubische Gleichungsform mit der dargestellten Abhängigkeit der Distanz vom Raumpunkt **x**:

$$d = f\,[x_1,\ x_1^2,\ x_1^3,\ x_2,\ x_2^2,\ x_2^3,\ x_3]$$

Da durch Gleichungen höherer Ordnung ($n \geq 3$) Körper mit komplexen Oberflächen dargestellt werden, sollen die in der Fertigungstechnik verwendeten mathematischen Verfahren zur Flächenbeschreibung auf ihre Eignung zum Einsatz bei der Beschreibung solcher Körper als Distanzfelder untersucht werden.

5.2.3.1   Anforderungen an Gleichungen höherer Ordnung

Gegenüber den Anwendungen von Oberflächenbeschreibungen in CAD-Systemen und NC-Programmiersystemen /35,54,55/, wo die Gesamtmenge aller Oberflächenpunkte zu bestimmen ist, interessiert hier die Distanz eines Raumpunktes zur Oberfläche. Diese Distanz ist aber aus der üblicherweise in Parameterform

$$\mathbf{x}[u,v] = (x[u,v],\ y[u,v],\ z[u,v])$$

dargestellten Flächengleichung nur durch zeitintensive iterative Lösungsverfahren zu ermitteln. Deshalb ist von den grundsätzlichen Flächenbeschreibungsarten nur die implizite Form der Flächengleichung

$$f[x] = 0$$

verwendbar, die eine direkte Berechnung der Distanz erlaubt. Dagegen müssen bei der impliziten Form folgende Einschränkungen hingenommen werden:

- die Erzeugung von geschlossenen oder sich selbst durchdringenden Flächen ist in der impliziten Darstellung nicht möglich,

- senkrechte Flächenelemente und senkrechte Tangenten können nicht dargestellt werden.

Die Eignung einer solchen Gleichung als Distanzfeld ist dann gegeben, wenn noch die Forderungen nach (5.6) erfüllt sind. Weitere Anforderungen sind aus dem geplanten Einsatz abzuleiten:

- die mathematische Flächengleichung soll die reale Fläche möglichst exakt beschreiben,

- einfache, leicht verständliche Beschreibung der gewünschten Oberfläche mit wenigen, vom Bediener vorzugebenden Werten,

- geringe Anzahl abzuspeichernder Werte (Datenbasis),

- stetige Flächenübergänge,

- einfache Distanz- und Gradientenberechnung (keine Iteration) mit möglichst geringer Anzahl von Rechenoperationen,

- einfache Änderung der Lage und Orientierung der Fläche im Raum.

5.2.3.2 Auswahl möglicher Gleichungen höherer Ordnung

Komplexe Oberflächen werden in der Fertigungstechnik über Punktmengen, Raumkurven und Tangenten approximiert oder interpoliert. Abhängig von der mathematischen Herleitung unterscheidet man verschiedene Verfahren. Bekannte Verfahren, deren implizite Form definiert ist, sind /35,36,37/:

- Linearinterpolation,
- Darstellung nach Coons,
- Darstellung nach Bezier,
- Darstellung mit impliziten Splines.

Es soll im folgenden davon ausgegangen werden, daß allen Verfahren eine Beschreibung durch bikubische Gleichungen zugrunde liegt. Diese Art der Gleichung wird auch vorwiegend wegen des geringeren Rechenaufwandes verwendet. Außerdem erfüllt sie die Forderung (5.6 a) der Wirbelfreiheit. In der Tabelle (5.1) sind die verschiedenen Flächendarstellungsformen gegenübergestellt. Die Linearinterpolation ist wegen der nur groben Übereinstimmung mit den Originalflächen nicht anwendbar. Wegen des hohen

	Linearinterpolation	Darstellung nach Coons	Darstellung nach Bezier	Darstellung mit impliziten Splineflächen
Genauigkeit der Flächenbeschreibung	○	◐	●	◐
Zusätzliche Vorgaben (außer Stützpunkte z.B Ableitungen)	●	○	○	●
Größe der Datenbasis	●	○	○	●
Stetige Flächenübergänge	○	●	●	●
Rechneraufwand - Initialisierung	●	◐	◐	◐
- Distanz- und Gradientenfeld	●	○	○	●
○ Anforderungen werden schlecht erfüllt ◐ Anforderungen werden teilweise erfüllt ● Anforderungen werden gut erfüllt				

Tabelle 5.1: Vergleich von Verfahren zur Beschreibung von Körpern mit komplexen Oberflächen

Rechenaufwandes und der umfangreichen Menge abzuspeichernder Daten sind die Algorithmen nach Coons und Bezier für die Implementierung auf einem Mikrorechner ungeeignet. Es empfiehlt sich für die Realisierung eine Darstellung mit impliziten bikubischen Splineflächen.

Für die Beschreibung einer komplexen Körperoberfläche durch Splineflächen läßt sich aus der impliziten Gleichungsform das Distanzfeld erzeugen:

$$d = z - \sum_{k=0}^{3} \sum_{l=0}^{3} a_{ijkl} \, (x - x_i)^k \, (y - y_j)^l \qquad\qquad (5.10\ a)$$

Durch Bildung der Richtungsableitung erhält man den Gradienten zu:
$$\text{grad } d = (e_x,\ e_y,\ e_z) \quad \text{mit} \qquad\qquad (5.10\ b)$$

$$e_x = -\sum_{k=0}^{3} \sum_{l=0}^{3} a_{ijkl} \, k \, (x - x_i)^{k-1} \, (y - y_j)^l$$

$$e_y = -\sum_{k=0}^{3} \sum_{l=0}^{3} a_{ijkl} \, (x - x_i)^k \, l \, (y - y_j)^{l-1}$$

$$e_z = 1 = const.$$

wobei $z_{ij} = z\,(x_i,\ y_j)$ die Stützpunkte der Flächenbeschreibung auf einem in der x-y- Ebene liegenden Rechteckgitter mit den Gitterpunkten x_i, y_j sind. Die Koeffizienten a_{ijkl} ergeben sich aus den Bedingungen:

- jede Stützstelle ist Element der Fläche,
- stetige Differenzierbarkeit der Flächen,

und aus den Randbedingungen, d.h. den partiellen Ableitungen an den begrenzenden Stützpunkten.

Die Gleichungen (5.10) repräsentieren das Distanz- und Distanzänderungs-

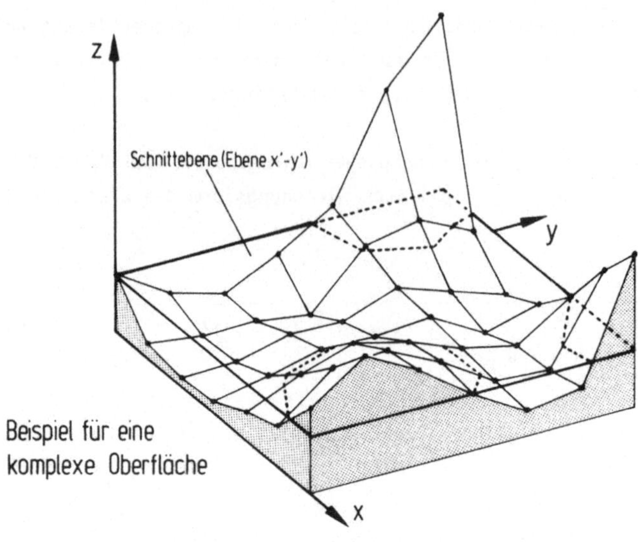

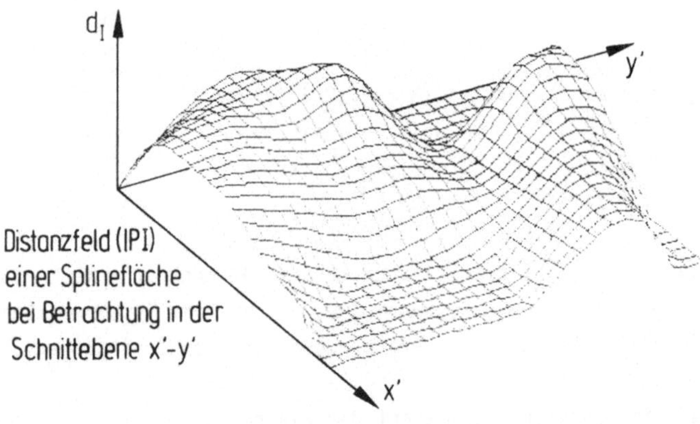

Bild 5.9: Beispiel für das Distanzfeld eines Körpers mit einer durch bikubische Splineflächen beschriebenen komplexen Oberfläche

feld für Körper mit komplexen Oberflächen nach IP II und durch Anwendung
der Abbildung (5.8) auch nach IP I. Sie erfüllen als Sonderfall der allgemeinen Gleichung 3. Ordnung die Anforderungen (5.6) unter Berücksichtigung von (5.6 k).

5.2.4   **<u>Zusammengesetzte Körper</u>**

Reale Kollisionselemente sind in ihrer Formenvielfalt deutlich komplexer
als die vorgestellten Körper 1. und 2. Ordnung. Reale Körper mit komplexen Oberflächen, die i.a. Kanten und Unstetigkeitsstellen beinhalten,
sind auch nur durch abschnittsweise definierte Körper höherer Ordnung
zusammenzusetzen. Daraus ergibt sich die Notwendigkeit, reale Kollisionselemente durch die boolesche Verknüpfung einfach zu beschreibender
Grundkörper nachzubilden. Es ist deshalb zu untersuchen, welche Verknüpfungsvorschriften auf Distanz- und Distanzänderungsfelder der Grundkörper anzuwenden sind, so daß das aus der Verknüpfung entstehende Distanzfeld ebenfalls den Anforderungen (5.6) genügt. Die zu betrachtenden lo-
gischen Verknüpfungsoperationen von Körpern sind die Vereinigungs- und
Schnittmenge (dargestellt durch die Operatoren v und ^). Die Negation
als weitere logische Operation wird auf die Körperdefinition (s. Abschnitt 5.2.2) zurückgeführt und wird deshalb nicht mehr betrachtet.
Es soll zunächst von den in Bild 5.10 dargestellten Verknüpfungen (Vereinigung und Schnitt) zweier Flächen F_1 und F_2 ausgegangen werden. Jede
der dargestellten Flächen F_1 und F_2 sei durch ein strenges Distanzfeld
nach IP II beschrieben, und das aus der Verknüpfung entstehende Gesamtfeld soll ebenfalls ein strenges Distanzfeld darstellen. Die Bildung der
Verknüpfungsvorschriften erfolgt bereichsweise. Dazu werden die Bereiche
1...4 gemäß Tabelle 5.2 festgelegt.

Ein Raumpunkt im Bereich 2 oder 3, der im folgenden als Übergangsbereich
bezeichnet werden soll, befindet sich innerhalb des einen und außerhalb
des anderen Körpers (Bild 5.10). Im Übergangsbereich wird das Gesamtfeld
nur durch das Feld eines Körpers gebildet. Dagegen ist die Bildung des
Gesamtfeldes in den Bereichen 1 und 4 deutlich komplexer, vor allem im
Bereich des Schnittpunktes (Schnittlinie bei Körpern) der beiden Flächen. So setzt sich das Gesamtfeld aus Anteilen der Einzelfelder sowie

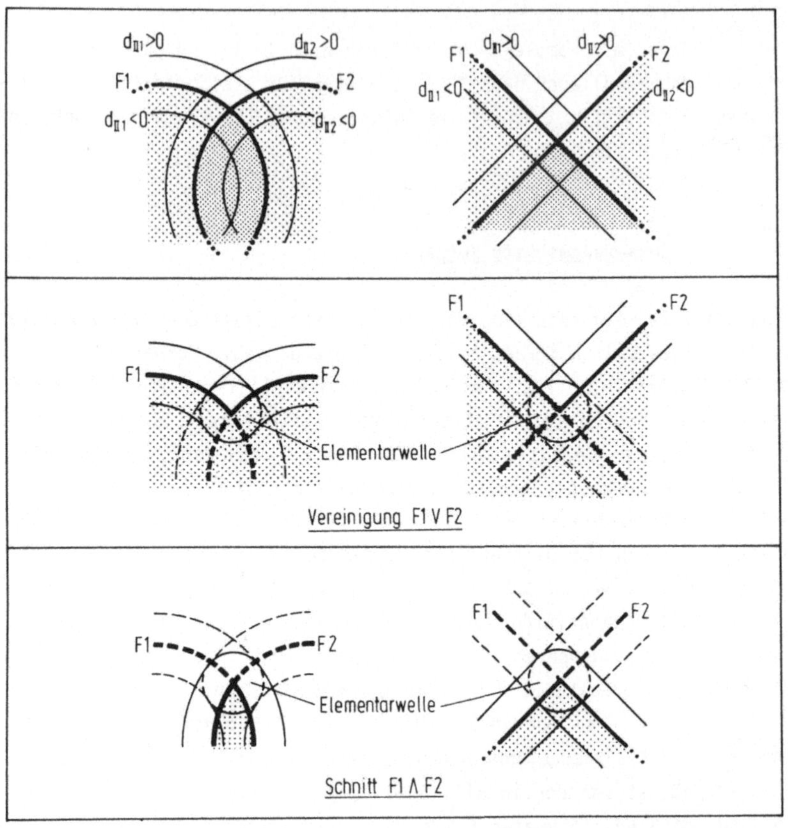

Bild 5.10:   Verknüpfung von zwei strengen Distanzfeldern zu einem
              strengen Gesamtdistanzfeld

	IP I	IP II
Bereich 1	$d_{I1}=0,\ d_{I2}=0$	$d_{II1}<0,\ d_{II2}<0$
Bereich 2	$d_{I1}>0,\ d_{I2}=0$	$d_{II1}>0,\ d_{II2}<0$
Bereich 3	$d_{I1}=0,\ d_{I2}>0$	$d_{II1}<0,\ d_{II2}>0$
Bereich 4	$d_{I1}>0,\ d_{I2}>0$	$d_{II1}>0,\ d_{II2}>0$

Tabelle 5.2:   Festlegung von Bereichen für die Verknüpfungsvor-
                schriften

aus einem am Schnittpunkt entstehenden punkt- bzw. linienförmigen "Elementarfeld" zusammen. Abgesehen vom zusätzlichen Aufwand für die Berücksichtigung des Elementarfeldes sind die geometrischen Äquidistanten nicht immer eindeutig (Bild 5.10).

Es werden deshalb die in der Tabelle 5.3 aufgeführten Verknüpfungsvorschriften für die Schnitt- und Vereinigungsmenge festgelegt. Damit ergeben sich die am Beispiel in Bild 5.11 dargestellten, jetzt aber im mat-

	IP I	IP II
Bereich 1	$d_{Iges}=0$ $e_{Iges}=0$	$d_{IIges}=d_{II1}+d_{II2}$ $e_{IIges}=e_{II1}+e_{II2}$
Bereich 2	$d_{Iges}=0$ $e_{Iges}=0$	$d_{IIges}=d_{II1}$ $e_{IIges}=e_{II1}$
Bereich 3	$d_{Iges}=0$ $e_{Iges}=0$	$d_{IIges}=d_{II2}$ $e_{IIges}=e_{II2}$
Bereich 4	$d_{Iges}=\min[d_{I1},d_{I2}]$ $e_{Iges}=e_{I1}$ oder e_{I2}	$d_{IIges}=\min[d_{II1},d_{II2}]$ $d_{IIges}=e_{II1}$ oder e_{II2}

Vereinigung zweier Felder

	IP I	IP II
Bereich 1	$d_{Iges}=0$ $e_{Iges}=0$	$d_{IIges}=\max[d_{II1},d_{II2}]$ $e_{IIges}=e_{II1}$ oder e_{II2}
Bereich 2	$d_{Iges}=d_{I1}$ $e_{Iges}=e_{I1}$	$d_{IIges}=d_{II1}$ $e_{IIges}=e_{II1}$
Bereich 3	$d_{Iges}=d_{I2}$ $e_{Iges}=e_{I2}$	$d_{IIges}=d_{II2}$ $e_{IIges}=e_{II2}$
Bereich 4	$d_{Iges}=d_{I1}+d_{I2}$ $e_{Iges}=e_{I1}+e_{I2}$	$d_{IIges}=d_{II1}+d_{II2}$ $d_{IIges}=e_{II1}+e_{II2}$

Schnitt zweier Felder

Tabelle 5.3:   Verknüpfungsvorschriften von Distanz- und Distanzänderungsfeldern

hematischen Sinne zu verstehenden Gesamtfelder. Die in Tabelle 5.3 festgelegten Verknüpfungsvorschriften besitzen dann Richtigkeit, wenn das daraus errechnete Gesamtfeld ebenfalls den Anforderungen nach Gleichung (5.6) genügt.

Die programmtechnische Umsetzung der Verknüpfungsvorschriften erfolgt normalerweise durch Abfragen und Programmverzweigungen. Bei der Schnittbildung von Feldern nach IP I genügt es, anstelle des o.g. Vorgehens die Einzelfelder zum Gesamtfeld aufzuaddieren.

Da im Übergangsbereich sowie im Bereich 4 bei der Vereinigung bzw. im Bereich 1 bei der Schnittbildung das Gesamtfeld immer nur durch das Ein-

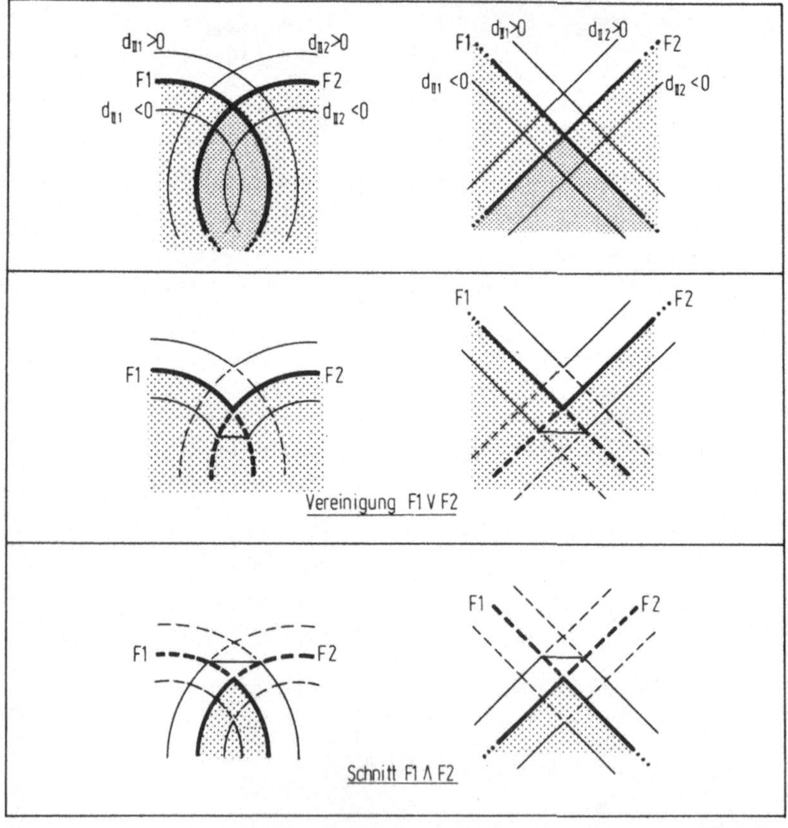

Bild 5.11:   Verknüpfung von Distanzfeldern nach Vorschrift in Tabelle 5.3

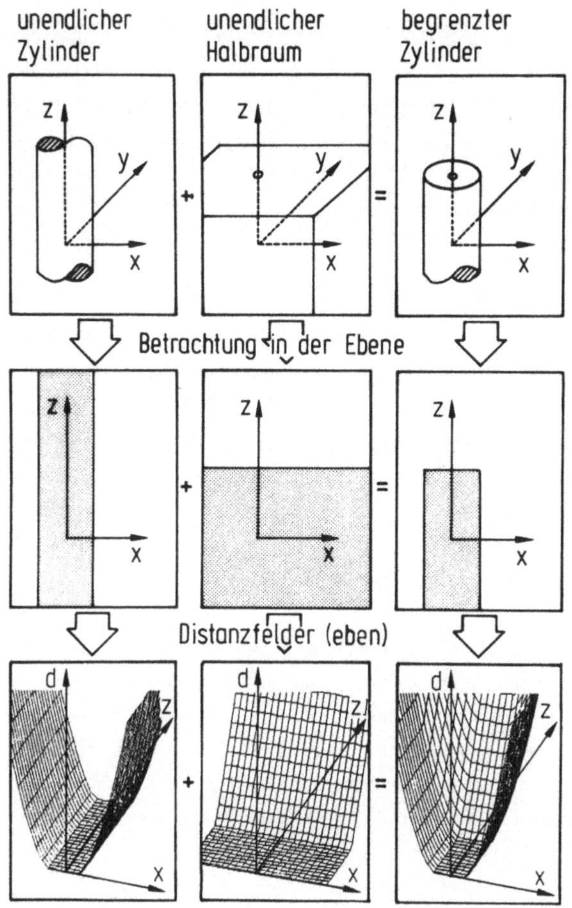

Bild 5.12:   Beispiel für die Schnittbildung von Distanzfeldern

zelfeld eines Körpers gebildet wird und dieses Einzelfeld die Anforderungen (5.6) erfüllt, erfüllt auch das Gesamtfeld in diesen Bereichen diese Anforderungen. Bei den noch verbleibenden Bereichen wird das Gesamtfeld durch Addition der Einzelfelder von F_1 und F_2 gebildet. In diesem Bereich hat aber der Überlagerungssatz Gültigkeit. Die Addition zweier wirbelfreier Felder ergibt wiederum ein wirbelfreies Gesamtfeld, und die Addition quellenbehafteter Felder erzeugt außer den Quellen der Einzelfelder keine zusätzlichen Quellen. Weitere Senken können wie bereits in Abschnitt 5.1.2 dargestellt, in diesem Bereich entstehen. Das Gesamtdistanzfeld genügt auch den Anforderungen nach (5.6 k), da die Addition zweier unimodaler Gleichungen immer zu einer unimodalen Gleichung führt. Damit werden auch in diesen Bereichen alle Anforderungen (5.6) erfüllt.

Zuletzt sind die Bereichsgrenzen zu untersuchen, die in Analogie zur Strömungslehre als Grenzschicht zweier strömender Flüssigkeiten aufzufassen sind und einen möglichen Entstehungsort von Wirbeln darstellen. Durch die Anwendung des Integralsatzes (5.6 b) und der Wahl eines Integrationsweges c, der die Grenzschicht einschließt, ist die Wirbelfreiheit nachweisbar.

5.3   **Eigenschaften von Distanzfeldern**

Es wurde ein Verfahren diskutiert, mit dem Körper 1. und 2. Ordnung, Körper mit komplexen Oberflächen, und aus solchen Körpern zusammengesetzte Körper in Form von Distanzfeldern als mathematisches Modell darstellbar sind. Dabei beinhaltet das Distanzfeld alle für eine Kollisionsbetrachtung relevanten Informationen. Die Gleichungen bestehen aus einfachen Polynomen mit maximal 3. Ordnung, d.h. es sind nur einfache Berechnungen (Multiplikationen und Additionen) durchzuführen. Die Bestimmung von Distanz- und Distanzänderungsfeldern nach IP I und IP II stellen demnach für ein Mikrorechnersystem einfache Operationen dar und sind somit für den geplanten Einsatz tauglich.
Geht man zunächst von einzelnen Polynomgleichungen nach IP II aus (wie 5.7, 5.9, 5.10) und beschreibt Körper 1., 2., ..., n-ter Ordnung, dann können ohne Einschränkung der Formenvielfalt folgende Eigenschaften festgegelegt werden:

$$- \ d_{II} \ \text{ist stetig} \hspace{4cm} (5.11 \ a)$$
$$- \ d_{II} \ \text{ist differenzierbar} \hspace{3cm} (5.11 \ b)$$
$$- \ \text{grad} \ d_{II} \ \text{ist stetig} \hspace{3.5cm} (5.11 \ c)$$

Überführt man die oben genannten Gleichungen unter Anwendung der Abbildung (5.8) in die Darstellung nach IP I und/oder betrachtet man einen aus solchen Gleichungen und nach den Vorschriften in Tabelle 5.3 zusammengesetzten Körper, dann besitzt der Distanzverlauf an den Bereichsgrenzen keine stetig differenzierbaren Übergänge, d.h. Gleichung (5.11 c) ist nicht mehr erfüllt. Für die Gleichungen solcher Körper gilt also:

$$- d_I, d_{Iges}, d_{IIges} \quad \text{ist stetig} \qquad\qquad (5.12\ a)$$
$$- d_I, d_{Iges}, d_{IIges} \quad \text{ist differenzierbar} \qquad\qquad (5.12\ b)$$
$$- \operatorname{grad} d_I, \operatorname{grad} d_{Iges}, \operatorname{grad} d_{IIges} \quad \text{ist unstetig} \qquad (5.12\ c)$$

Weitere Eigenschaften bezüglich der Lage der Senken von Distanzfeldern sollen in Abhängigkeit der Körperform festgelegt werden.

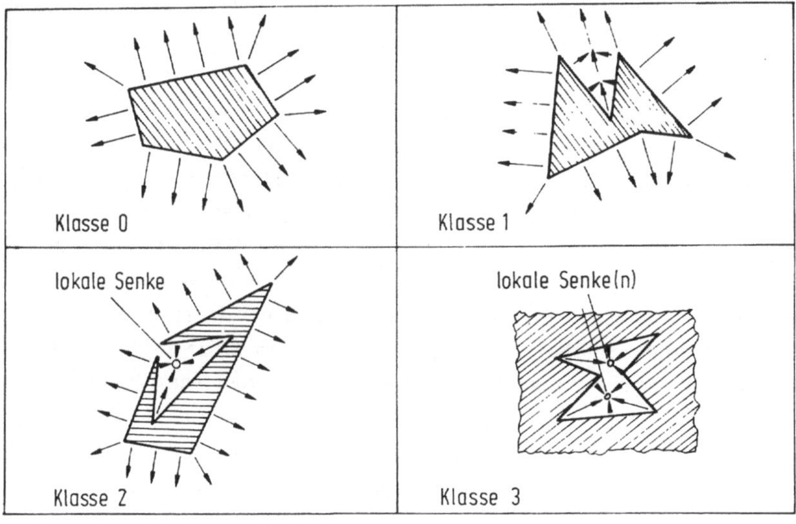

Bild 5.13: Klassifizierung von Körpern und Distanzgleichungen

Die Distanzfelder konvexer Körper haben Senken immer im Unendlichen, wobei konvexe Körper solche Körper sind bei denen eine Verbindungslinie von zwei beliebigen Punkten auf der Körperoberfäche immer vollständig im Körperinneren verläuft. Nicht konvexe Körper haben Senken entweder im Unendlichen oder eine oder mehrere Senken teilweise im Raum und im Unendlichen oder eine oder mehrere Senken im Raum und keine Senke im Unendlichen (Bild 5.13). Dementsprechend sollen Körper und Distanzfelder in die Klassen 0...3 unterteilt werden, wobei konvexe Körper der Klasse 0 angehören, konkave Körper mit Senken im Unendlichen der Klasse 1, u.s.w.

Bezüglich des skalaren Wertes d an den Quellen bzw. Senken des Distanzfeldes kann folgender Satz formuliert werden:

Der Wert von d an den Quellen des Distanzfeldes stellt immer ein **Minimum** von d und an den Senken ein **Maximum** von d dar.

$$(5.13)$$

Betrachtet man Körper der Klasse 0 und 1, dann besitzen diese ein absolutes Maximum von d im Unendlichen, während Körper bzw. Distanzfelder der Klasse 2 und 3 zusätzliche lokale Maxima im Raum besitzen. Folgt man dem Verlauf des Gradienten von der Körperoberfläche aus, dann endet diese immer in einer Senke, d.h. nur für Körper der Klasse 0 und 1 führt jede beliebige Feldlinie immer eindeutig und vollständig weg vom Körper. Bei Körpern der Klasse 2 und 3 führen die Feldlinien ebenfalls weg von der Oberfläche, sie können aber in einer lokalen Senke in der Nähe der Oberfläche enden. Bei der Verwendung der Feldlinienverläufe zur Bestimmung von Freifahrwegen ist bei Körpern der Klasse 2 (Körper der Klasse 3 können bei einer Bearbeitung nicht vorkommen) im Einzelfall zu prüfen, ob z.B. bei einer Werkzeugrückzugsbewegung ein mögliches Verharren in einer lokalen Senke zulässig ist. Ansonsten müssen in solchen Fällen weiterführende Strategien für das Freifahren angewandt werden. Eine solche Strategie wäre, in Kenntnis des Lageortes der lokalen Senke, ein im voraus festgelegter Ausweichweg, der von der Senke wegführt.

6   Kollisionsalgorithmen

6.1   Beschreibung der Kollision

Zwei Körper kollidieren nicht, wenn das Ergebnis der Schnittmenge die Leermenge ist. Deshalb können für die mathematische Beschreibung der Kollision durch Distanzfelder die in Abschnitt 5.2.4 angestellten Überlegungen herangezogen werden. Die folgenden Betrachtungen zur Kollision sollen zunächst für Felder nach IP I und IP II durchgeführt werden. Die Gleichung

$$k = d_1 \wedge d_2 \qquad\qquad (6.1\ a)$$

stellt ein skalares Feld dar und beschreibt die mögliche Kollision zweier oder mehrerer Körper eindeutig. Sie soll im folgenden als **Kollisionsfeld** oder **Kollisionsgleichung** bezeichnet werden. Dabei ist unter d das Distanzfeld eines Körpers zu verstehen, das wiederum aus mehreren Distanzfeldern zusammengesetzt sein kann. Der Gradient der Kollisionsgleichung entsteht durch Schnitt der Gradienten.

$$\mathrm{grad}\ k = \mathrm{grad}\ d_1 \wedge \mathrm{grad}\ d_2 \qquad\qquad (6.1\ b)$$

Rein formal besitzt das Gleichungssystem (6.1) die gleichen mathematischen Eigenschaften wie sie im Abschnitt 5.3 für überlagerte Distanzfeldgleichungen gelten. Die Gleichungen (6.1) werden demnach auch mathematisch identisch behandelt, nur das zum Verständnis dienende Gedankenmodell ist ein anderes.

Es soll von zwei sich nicht überschneidenden Körpern ausgegangen werden, d.h. die Schnittmenge ist die Leermenge. Bildet man nach Tabelle 5.3 das gemeinsame Distanzfeld, dann gibt es **keinen** Raumpunkt, für den beide Distanzfelder zu null (IP I) bzw. negativ werden (IP II). Es entsteht in diesem Falle ein Gesamtfeld k, dessen skalarer Wert immer positiv ist. Das Gesamtfeld k beschreibt demnach den "Körper der Leermenge", dessen Quelle zwischen beiden ursprünglichen Körpern liegt wie man wiederum durch Anwendung des Integralsatzes (5.6 d) feststellen kann. Der skalare Wert k kann aber als Maß für die Summe der Distanzen von einem bestimmten Raumpunkt aus zu jedem Einzelkörper verstanden werden. Der Wert k_{min} an der Quelle von k beschreibt nach Satz (5.13) die **minimale Distanz** zwischen zwei Körpern. Dabei gelten für die Distanzwerte auch hier wieder die im vorigen Kapitel getroffenen Vereinbarungen für die mathematischen und geometrischen Größen. Bild 6.1 zeigt die Distanzfelder zweier Zylinder und das sich daraus ergebende Kollisionsfeld. Auch hier wird wieder zur Darstellung der Felder in einer Zeichenebene nur eine Schnittfläche durch den zu untersuchenden Raum betrachtet.

Für k_{min} gilt nach IP I:

$k_{Imin} = 0$:
alle Körper in Gleichung (6.1 a) besitzen einen gemeinsamen Schnittkörper, d.h. jeder kollidiert mit allen anderen.

$k_{Imin} > 0$:
die Körper in Gleichung (6.1 a) besitzen keinen gemeinsamen Schnittkörper, und k_{Imin} ist ein Maß für die Entfernung der Körper.

und nach IP II:

$k_{IImin} < 0$:
alle Körper in Gleichung (6.1 a) besitzen einen gemeinsamen Schnittkörper, d.h. jeder kollidiert mit allen anderen und k_{IImin} ist ein Maß für den Grad der Überlappung der Körper.

$k_{IImin} > 0$:
die Körper in Gleichung (6.1 a) besitzen keinen gemeinsamen Schnittkörper, und k_{IImin} ist ein Maß für die Entfernung der Körper.

Der Lösungsweg zur Kollisionserkennung besteht also darin, die Quelle und damit das Minimum der Kollisionsgleichung zu bestimmen. Die Strategie zur Bestimmung dieses Minimums ist zunächst unabhängig von der eigentlichen Kollisionsgleichung. Es soll dazu der Gradient grad k be-

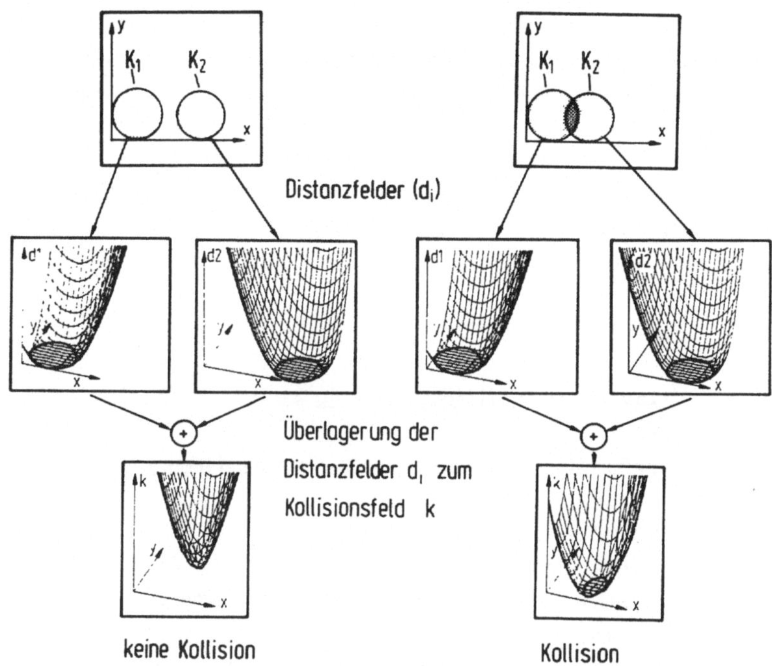

Bild 6.1: Kollisionsfeld zweier Zylinder bei Kollision und Kollisionsfreiheit nach IP I

trachtet werden, der in die Richtung des stärksten Anstieges von k zeigt; dann zeigt der Vektor -grad k in die Richtung des steilsten Abfalls von k. Die Gleichung (6.1 b) wird somit zur nützlichen Hilfe bei der iterativen Suche des Minimums k_{min}.

6.2 Eigenschaften der Kollisionsgleichung

Eine Kollisionsgleichung nach (6.1) besitzt zunächst die Eigenschaften nach (5.12) in Abschnitt 5.3. Für die Minimumsbestimmung ist aber die Natur des Kollisionsfeldes von Interesse. Dazu kann die aus dem vorigen

Abschnitt eingeführte Klassifizierung auf Kollisionsfelder übertragen werden. Ein Kollisionsfeld der Klasse 0 oder 1 besitzt genau ein globales Minimum für k. Ein solches Feld entsteht, wenn k die Kollision konvexer Körper beschreibt. Folgt man von einem beliebigen Raumpunkt aus der negativen Richtung einer Feldlinie, dann führt diese immer zum absoluten Minimum, wobei der Betrag des Gradienten am Minimum gleich null ist. Ist dagegen ein konkaver Körper an einer Kollision beteiligt, dann ergeben sich Kollisionsfelder mit mindestens einem globalen und eventuell mehreren lokalen Minima. Eine Feldlinie kann dann auch in einem lokalen Minimum enden.

6.3   Lösung der Kollisionsgleichung

6.3.1   Prinzipielle Verfahren zur Minimumsbestimmung

Eine Übersicht über die prinzipiellen Verfahren wird in /54/ vorgestellt, wobei eine Klassifizierung anhand der bei den Zielfunktionen explizit vorliegenden partiellen Ableitungen stattfindet. Es kann allgemein gesagt werden, je ausführlicher die Information über eine Zielfunktion ist, desto effizienter gestaltet sich die Minimumsbestimmung. Von den zu betrachtenden Gleichungen stehen explizit die Funktionswerte und die Vektoren der ersten partiellen Ableitungen zur Verfügung. Somit sind zunächst für das zu lösende Problem alle Verfahren erster Ordnung, sog. Gradientenverfahren, geeignet. Solche Verfahren sind das Verfahren des stärksten Abfalles /55/, es sind alle Verfahren, denen eine Iteration nach Newton zugrunde liegt wie das Newton-Raphson-, das modifizierte Newton- und das kombinierte Newton- und Gradientenverfahren /54/. Ebenfalls zu dieser Gruppe ist das Verfahren nach Fletcher & Powell /56/ zu zählen. Es eignen sich auch Iterationen, die mit konjugierten Richtungen arbeiten, wie das Powell-Verfahren /57/.

Prinzipiell besteht auch die Möglichkeit, ausgehend von den Distanzfeldgleichungen, die Matrizen der zweiten partiellen Ableitungen zu bestimmen, so daß auch die Verfahren zweiter Ordnung einsetzbar sind. Dies bedingt aber einen zusätzlichen Rechenaufwand zur Bestimmung der insgesamt neun Matrixelemente sowie einen zusätzlichen Rechenaufwand bei der Verarbeitung dieser Werte innerhalb eines Iterationsschrittes. Ein wirkungsvoller Einsatz der letztgenannten Verfahren ist aber erst bei Gleichungen mit Ordnungen > 3 sinnvoll. Deshalb werden im folgenden nur noch Algorithmen aus der Gruppe der o.g. Gradientenverfahren betrachtet. Die Kriterien für die Auswahl eines Verfahrens sind:

- Konvergenzverhalten,
- Stabilität,
- Sicherheit des Abbruchkriteriums,
- Rechenaufwand pro Iterationsschritt.

Ein ideales Verfahren besitzt Stabilität bei schnellem Konvergenzverhalten und wenig Rechenaufwand pro Iterationsschritt ohne überdimensioniertes Abbruchkriterium. In Tabelle 6.1 sind die möglichen prinzipiellen Verfahren und ihre Varianten diesen Kriterien gegenübergestellt.

Die Bewertung der Verfahren wurde z. T. der Literatur /56,57/ entnommen. Danach zeigt das Verfahren nach Fletcher & Powell die besten Ergebnisse bezüglich des Konvergenzverhaltens. Dagegen besitzt das Verfahren des steilsten Abfalls den geringsten Rechenaufwand pro Iterationsschritt.

	Verfahren des stärksten Abfalls	Newton-Verfahren	Verfahren nach Fletcher & Powell
Konvergenzverhalten	○	●	●
Stabilität	●	◑	◑
Rechneraufwand pro Iterationsschritt	●	○	◑

○	Anforderungen werden schlecht erfüllt
◑	Anforderungen werden teilweise erfüllt
●	Anforderungen werden gut erfüllt

Tabelle 6.1:   Bewertung von Iterationsverfahren erster Ordnung

Unterschiede sind beim Stabilitätsverhalten zu verzeichnen, wobei aber alle Verfahren sehr gute Stabilität in der Nähe des Minimums besitzen, so daß bei einer geeigneten Wahl des Startpunktes davon ausgegangen werden kann, daß das Stabilitätskriterium von allen Verfahren gleichermaßen erfüllt wird. Alle aufgeführten Kriterien haben Einfluß auf die letztendlich interessierende Gesamtrechenzeit für die Minimumsbestimmung, so daß eine endgültige Gütebewertung nur experimentell anhand konkret zu lösender Aufgaben durchführbar ist. Dazu wurde das Verfahren nach Fletcher & Powell aufgrund seines guten Konvergenzverhaltens und das Verfahren des steilsten Abstiegs seiner einfachen Algorithmik wegen realisiert. Die Untersuchungen haben ergeben, daß der Vorteil der schnellen Konvergenz von Fletcher & Powell erst bei Iterationsschrittzahlen größer als 15 zum Tragen kommt. Die Anzahl der Iterationsschritte ist aber ausschlaggebend für die Genauigkeit bei der Berechnung von k_{min}. Definiert man ein auf die Körperabmessungen bezogenes, dimensionsloses Maß für die Genauigkeit, dann ist aufgrund der durchgeführten Untersuchungen bei Genauigkeiten höher als 100 ppm das Verfahren nach Fletcher & Powell, ansonsten das des steilsten Abfalles einzusetzen.

6.3.2 Verfahren zur Minimumsbestimmung bei nicht unimodalen Kollisionsgleichungen

Alle genannten Möglichkeiten setzen die quadratische Form der zu optimierenden Gleichung voraus. Sie können deshalb ohne besondere Maßnahmen zur Auffindung des Minimums k_{min} nur dann eingesetzt werden, wenn k die Kollision konvexer Körper beschreibt. Für die Minimumsbestimmung bei Kollisionsgleichungen konkaver Körper zeigt das Kollisionsfeld nicht unimodales Verhalten, so daß zur Minimumsbestimmung weiterführende Strategien anzuwenden sind. Ein einfach zu realisierender Lösungsweg ist die Auflösung eines konkaven Körpers in mehrere konvexe Körper und die mehrmalige Lösung der Kollisionsgleichung (Bild 6.2).

Diese Strategie ist aber nicht für alle Körperformen anwendbar. Deshalb soll ein weiterer Lösungsansatz aufgezeigt werden. Zur Problemdarstellung soll zunächst von der in Bild 6.3 gezeigten eindimensionalen, nicht unimodalen Funktion ausgegangen werden. Eine sehr anschauliche Vorstel-

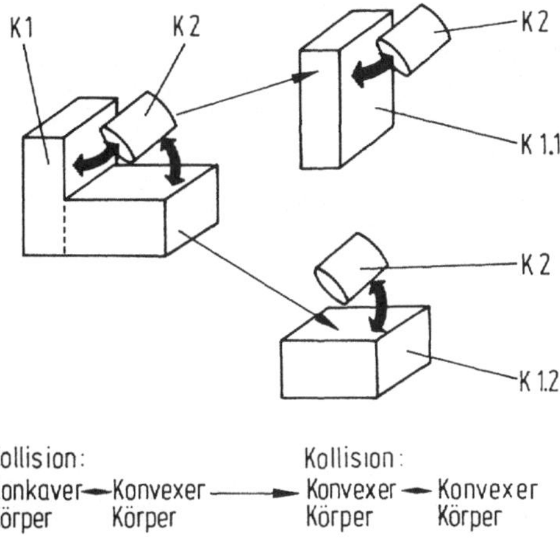

Bild 6.2:   Kollisionserkennung bei konkaven Körpern durch Auflö-
              sen in konvexe Körper

lung vom Iterationsvorgang erhält man, wenn man sich die Funktion als
"Berg- und Tal- Landschaft" vorstellt. Von einem gewählten Startpunkt
aus wird dann eine Kugel in das nächstliegende Tal (Minimum) rollen.

Innerhalb eines interessierenden Gebietes (xs bis xe in Bild 6.3) soll
nun das globale Minimum Mg gefunden werden. Dazu werden innerhalb des
Gebietes n verschiedene, äquidistante Startpunkte für n parallel auszu-
führende Iterationen gewählt. Sobald jede Iteration ihr Abbruchkriterium
erfüllt hat, kann durch Vergleich der errechneten Funktionswerte das
oder die globalen Minima bestimmt werden. Die Anzahl n der Startpunkte
und der parallel ablaufenden Iterationen ist von der Bandbreite der
Funktion, d.h. durch die bei der Funktion vorkommende höchste Frequenz,
bestimmt. Überträgt man diese Strategie auf die zu lösenden, dreidimensionalen Kollisionsgleichungen, dann sind n^3 Startpunkte, bzw. parallel
ablaufende Iterationen innerhalb eines räumlichen Gebietes zu wählen.
Dabei ist die Anzahl n der durchzuführenden Iterationen durch die an der
Kollision beteiligten Körperformen abhängig. Dieses Abhängigkeitsver-

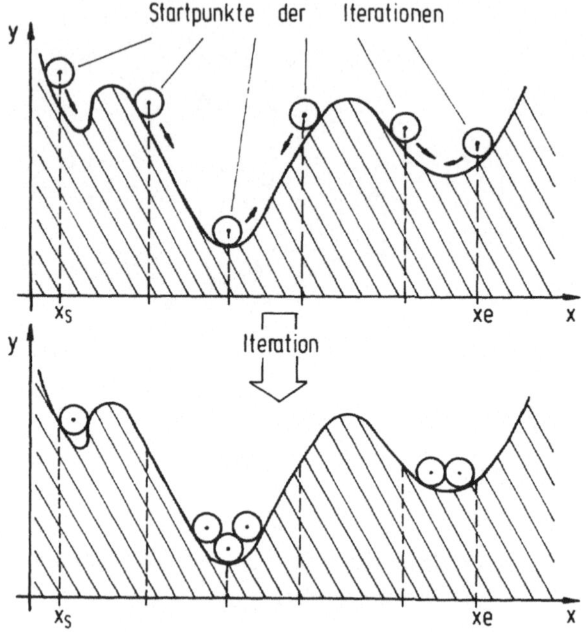

Bild 6.3: Iterative Suche eines globalen Minimums bei einer nicht unimodalen Funktion

hältnis kann in verbaler Form so beschrieben werden:

Je hochfrequenter (schroffer und spitzer) die Körperformen sind, desto größer ist die "Bandbreite" der Kollisionsgleichung.

6.3.3 Optimierung von Iterationsverfahren

Die spezielle Problematik bei Kollisionsbetrachtungen erlaubt es, abweichend von den in der Literatur beschriebenen iterativen Verfahren, weitere zeitoptimierende Strategien anzuwenden. In Bild 6.4 ist anhand allgemeiner Bearbeitungsschritte der prinzipielle Ablauf eines Iterationsverfahrens dargestellt. Für jeden dieser Bearbeitungsschritte sollen die verschiedenen Maßnahmen vorgestellt werden.

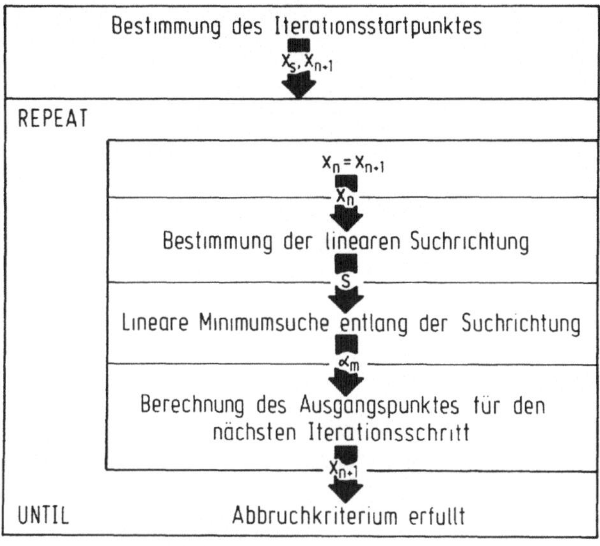

X_s : Startpunkt
X_n, X_{n+1} : Iterationspunkte
S   Suchrichtungvektor
α_m : Ort auf s mit linearem Minimum

Bild 6.4:   **Prinzipieller Ablauf bei einem Iterationsverfahren**

Ein Startpunkt ist günstig gewählt worden, wenn er bereits in der Nähe des Minimums liegt. Dazu werden die realen Körper zusätzlich durch einen einhüllenden orthogonalen Quader beschrieben. Schneiden sich die Hüllquader, dann kann ein mögliches Kollisionsgebiet nur innerhalb dieses Schnittquaders liegen (Bild 6.5). Der geometrische Mittelpunkt des Schnittquaders stellt damit einen guten Startwert für eine Iteration dar. Sind dagegen die Körper genügend weit voneinander entfernt, dann genügt zur Kollisionsbetrachtung die i.a. einfacher zu berechnende Distanz der orthogonalen Hüllquader.

Die lineare Minimumsbestimmung /58/ erfolgt entlang der vorgegebenen Suchrichtung. Dazu muß ein Grundintervall abgegrenzt werden, worin das gesuchte Minimum mit Sicherheit auftritt. Eine zu großzügige Abschätzung

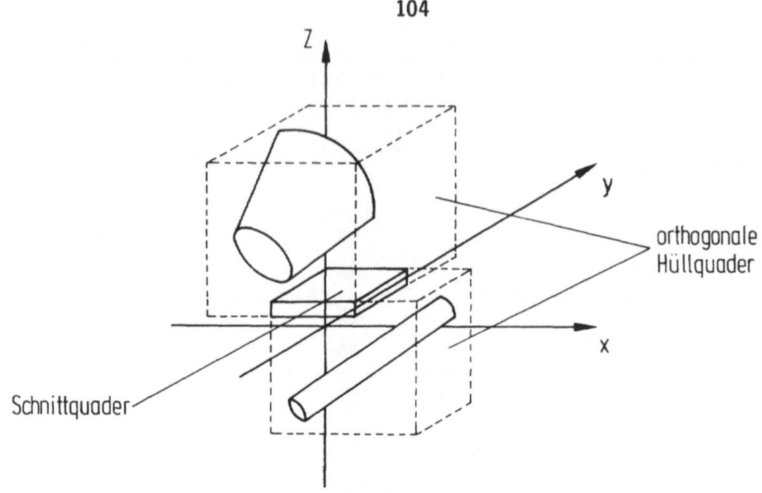

Bild 6.5:   Orthogonale Hüllquader zur Startwertbestimmung

des Intervalls hat eine ungenaue Minimumsbestimmung und damit schlechte Konvergenz zur Folge. Dies kann vermieden werden, wenn man zunächst von einer i.a. zu kleinen Intervallabschätzung ausgeht. Dieses Intervall wird dann sukzessiv erweitert, falls sich innerhalb des Intervalls kein Minimum befindet.

Die gesamte Iterationszeit wird sehr stark durch das Abbruchkriterium bestimmt. Ein zu sicheres Abbruchkriterium führt zu unnötigen Iterationsschritten, während bei großzügiger Auslegung die Genauigkeitsanforderungen nicht mehr erfüllbar sind. Abbruchkriterien sind aus den notwendigen Bedingungen für ein Minimum, nämlich wenn der Gradient der Funktion nahe null ist, ableitbar. In der Praxis empfiehlt sich aber eine Kombination mehrerer Kriterien, die aus den genannten Bedingungen sowie aus internen Größen des Iterationsverfahrens wie z.B. der Überwachung der Länge des zurückgelegten Iterationsschrittes bestehen.

Für die Kollisionsbetrachtung ist eine hohe Genauigkeit nur dann erforderlich, wenn die Körper sehr nahe beieinander liegen, d.h. wenn der Funktionswert der zu minimierenden Kollisionsgleicheung sehr klein ist. Durch eine dynamische Anpassung des Abbruchkriteriums kann zusätzliche Rechenzeit eingespart werden.

7   Kollisionserkennung bei bewegten Körpern

7.1   Problemanalyse

7.1.1   Voraussetzungen

Aufbauend auf dem Prinzip der Analyse des Distanzverlaufs soll die Kollisionserkennung bei bewegten Körpern erfolgen. Im Gegensatz zu dem in /50/ beschriebenen Ansatz soll auf die dort aufgeführten Einschränkungen verzichtet werden. Gegenstand der folgenden Betrachtung ist der Verlauf der minimalen Distanz k_{min} zwischen zwei Körpern, wenn sich ein Körper entlang einer Raumkurve s bewegt. Die Gleichung

$$k_{min} = f[s] \tag{7.1}$$

soll im folgenden als **Distanzkurve** bezeichnet werden. Dabei können die Körperform und die Raumkurve s beliebig geartet sein. Unter den genannten Voraussetzungen wird sich ein Verlauf der Distanzkurve ergeben, der außer in Sonderfällen nicht mehr die in Abschnitt 4.4.3 genannte charakteristische Form mit den Bereichen I ... III besitzt. Dies gilt insbesondere für nicht konvexe Körper und für komplexe Raumkurven wie sie z.B. bei der fünfachsigen Bearbeitung oder bei Handhabungsgeräten vorliegen. Es können aber unabhängig davon folgende Eigenschaften der Distanzkurve zugewiesen werden:

- Die Distanzkurve hat immer einen stetigen Verlauf. Dies liegt in ihrer Eigennatur, denn die minimale Distanz k_{min} zwischen zwei Körpern kann während der ebenfalls immer stetigen Relativbewegung nicht "springen".

- Faßt man die Distanzkurve nicht als zeit-, sondern als wegabhängiges Signal auf, dann ist die "Bandbreite" dieses Signals begrenzt. Die Komplexität der Distanzkurve ist durch die obere Grenzfrequenz festgelegt, d.h. sie ist von der Komplexität der Körperform und der Relativbahn abhängig. Bild 7.1 soll dies an einem qualitativen Beispiel verdeutlichen.

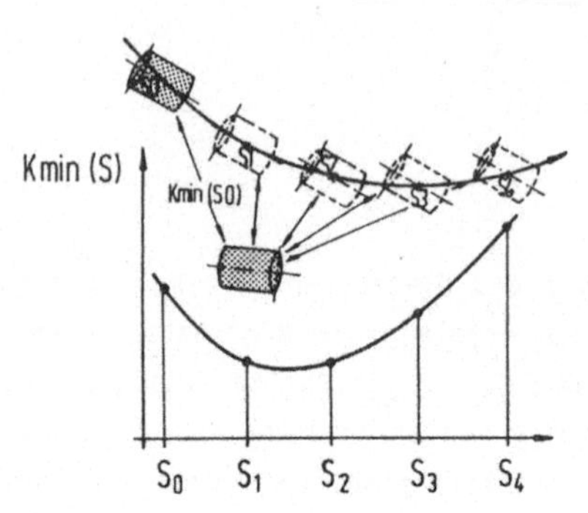

a) Distanzkurve mit geringer Bandbreite

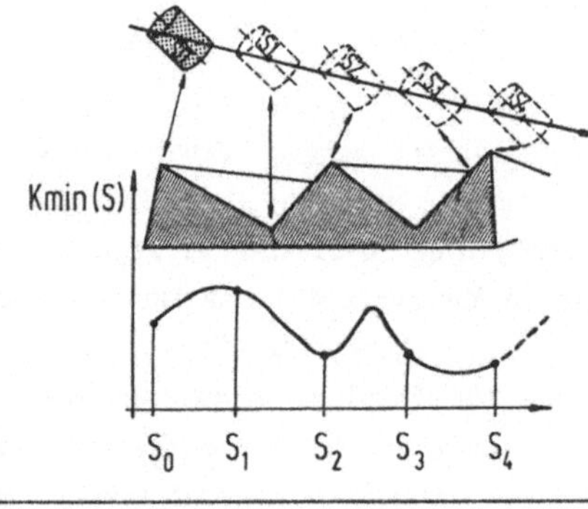

b) Distanzkurve mit hoher Bandbreite durch komplexe Körperform

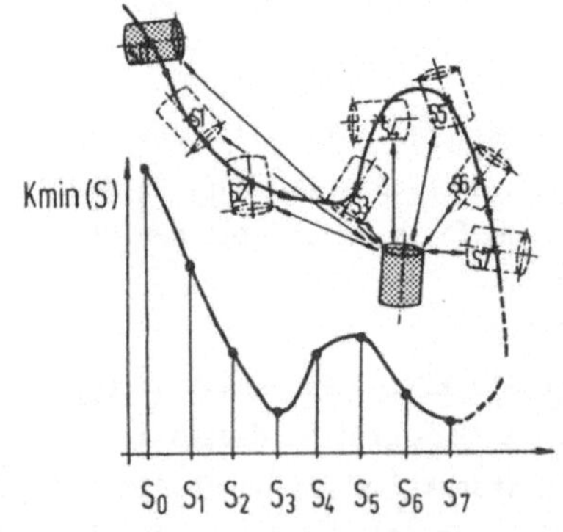

c) Distanzkurve mit hoher Bandbreite durch komplexe Raumkurve S

Bild 7.1:   Beispiele für Distanzkurven

Der Begriff "Bandbreite" ist also in diesem Zusammenhang als Komplexitätsmaß für Körper und Bewegung aufzufassen. Tatsächlich erhält man durch Berechnung einzelner Punkte der Distanzkurve an einem konkreten Beispiel und durch Anwendung der diskreten Fourier-Transformation einen quantitativen Wert für die Bandbreite und damit für die Komplexität im hier zu betrachtenden Sinne.

7.1.2   __Lösungsprinzip und Aufgabenanalyse__

Unabhängig von der Form der Distanzkurve interessieren bei der Kollisionserkennung nur solche Bereiche, für die die Distanz nahe an Null herankommt. Dazu muß aber nicht die Distanz zwischen zwei Körpern an jedem Punkt der Raumkurve s bestimmt werden. Die Stetigkeit und die begrenzte Bandbreite der Distanzkurve erlauben eine Analyse des Verlaufs und das Auffinden der interessanten Bereiche. Als mögliche Verfahren sind in abgewandelter Form die im letzten Kapitel vorgestellten iterativen Verfahren einsetzbar. Die Eindimensionalität des Problems erlaubt aber auch den Einsatz einer effektiveren Methode, indem der wahre Verlauf $k_{min}(s)$ durch eine einfachere Gleichung angenähert wird. Dazu ist nur an wenigen, noch festzulegenden diskreten Stützstellen s_i (i = 1, ..., n) der Raumkurve s die Distanz $k_{min}(s_i)$ zwischen zwei Körpern zu bestimmen. Es ergeben sich somit folgende Teilaufgaben.

- Berechnung der Distanz an diskreten Stellen s_i entlang der Raumkurve s

- Annähern der wahren Distanzkurve durch eine möglichst einfache Gleichung

- Bestimmung des Minimums der angenäherten Distanzkurve

Die Lösungsvarianten zu den einzelnen Teilaufgaben sollen im folgenden Abschnitt diskutiert werden.

7.2   Verfahren zur Analyse der Distanzkurve

7.2.1   Distanzbestimmung

Die Berechnung der Distanz zwischen zwei Körpern mit Hilfe der analytischen Geometrie ist nur für einfache, kubische Körper ein trivial zu lösendes Problem. Sollen auch komplexere Körpergeometrien berücksichtigt werden, dann ist die Bestimmung der Distanz durch Anwendung der in den vorigen Abschnitten beschriebenen Distanzfeldmethode möglich. Die Einschränkung, daß der durch die Distanzfeldmethode errechnete Wert im mathematischen Sinne zu verstehen ist, hat keine Auswirkung für den hier geplanten Einsatz. Denn, wie oben bereits aufgeführt, interessieren für die Kollisionserkennung nur Bereiche der Distanzkurve nahe Null, aber genau dort ist der mit der Distanzfeldmethode errechnete Wert im geometrischen Sinne als Näherungslösung zu verstehen.

7.2.2   Näherung der Distanzkurve

Grundsätzlich gilt, je mehr Information über den anzunähernden Kurvenverlauf (mehr Stützstellen s_i) vorhanden ist, desto genauer kann die Annäherung erfolgen. Zur Erzielung optimaler Rechenzeiten muß aber auf die Verarbeitung redundanter Informationen, d.h. überflüssiger Stützstellen s_i, verzichtet werden. Eine untere Schranke für die Anzahl der Stellen si auf einer zu betrachtenden, längenbegrenzten Raumkurve s, erhält man aus dem Shannon'schen Abtasttheorem. Bei der organisatorischen Durchführung der Näherung wird von der gesamten Raumkurve s immer nur ein gewisser Bereich von Bahnpunkten, im folgenden Fenster genannt, betrachtet. Dieses Fenster wird dann schrittweise entlang von s weiterverschoben. Für die folgenden Betrachtungen wird von einem Fenster ausgegangen, bei dem die Anzahl der Stützstellen innerhalb des Fensters sowie dessen Größe so gewählt ist, daß das Abtasttheorem erfüllt ist.

Ziel ist es nun, die Distanzkurve innerhalb des Fensters durch eine einfache Gleichung, z.B. durch ein Polynom vom Grade n anzunähern, d.h. die Koeffizienten des Polynoms zu bestimmen. Dies erfolgt entweder durch Approximation oder Interpolation. Bei der Interpolation geht das Näherungspolynom durch die Stützpunkte s_i, während bei der Approximation gegebene Polynome so zusammengesetzt werden, daß die Gesamtabweichung an allen Stüzpunkten minimal wird. Ein gängiges Approximationsverfahren ist die Gauß'sche Methode der kleinsten Fehlerquadrate. Da hierbei der Rechenaufwand überproportinal mit dem Grad n des Approximationspolynoms ansteigt, ist dieses Verfahren nur für Polynomgrade < 3 einsetzbar. Für Polynome mit n > 3 empfiehlt sich deshalb ein Interpolationsverfahren. Dabei kann zwischen direkten und iterativen Methoden unterschieden werden. Die direkten Lösungsverfahren, z.B. durch Gauß-Elimination, liefern die exakte Lösung, sofern man von Rundungsfehlern bei der Realisierung auf einem Digitalrechner absieht. Bei iterativen Methoden wie z.B. dem Newton-Raphson Verfahren wird eine Näherungslösung als Ausgangslösung für die folgende Iterationsschleife verwendet, so daß diese Verfahren gegenüber Rundungsfehlern weitestgehend unempfindlich sind. Iterative Verfahren sind besonders zur Lösung überbestimmter Gleichungssysteme geeignet. Durch die Freiheitsgrade bei der Wahl der Stützstellen sind aber für diesen Fall immer eindeutig lösbare Gleichungssysteme aufstellbar.

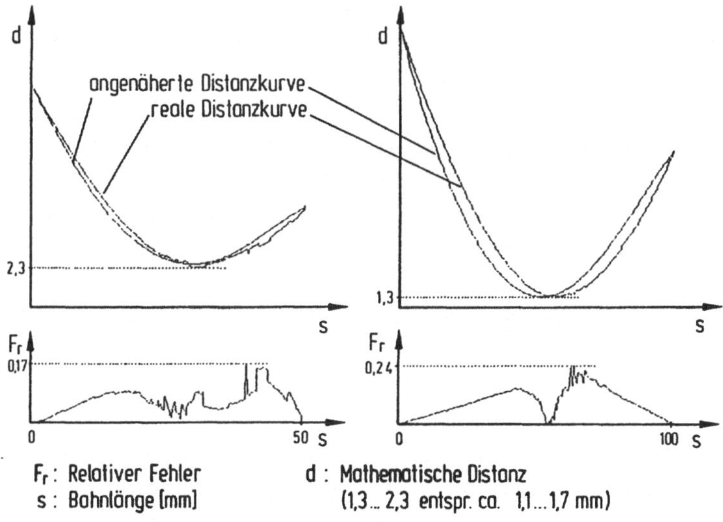

Bild 7.2:   Exakte und angenäherte Distanzkurve und dazugehöriger Verlauf des relativen Fehlers.

Bei den eingangs genannten Voraussetzungen kann davon ausgegangen werden, daß ein Ansatz für das Näherungspolynom mit einem Grade n < 3 nur dann anwendbar ist, wenn das zu betrachtende Fenster klein gewählt wird. Damit wird aber der Gesamtrechenaufwand zur Berücksichtigung einer gesamten Raumkurve groß. Es soll deshalb von interpolierten Polynomgleichungen vom Grade n > 3 ausgegangen werden, wobei der Grad n von der Komplexität der Distanzkurve innerhalb des Fensters abhängt und deshalb auch abhängig von einer konkreten Realisierung durch Messung zu bestimmen ist. Bild 7.2 zeigt am Beispiel der in Abschnitt 8 beschriebenen Realisierung den Verlauf der exakten Distanzkurve k_{min} und der angenäherten Distanzkurve k'_{min}, sowie den relativen Fehler

$$F_r = \left| k_{min} - k'_{min} \right| / k_{min}.$$

Dabei wurde ein Ansatz für Polynome 5. Grades zugrundegelegt und die Lösung des linearen Gleichungssystems erfolgte durch Gauß-Elimination. Die dargestellten Verläufe zeigen den ungünstigsten Fall einer "Beinahe-Kollision". Messungen an konkreten Beispielen ergeben, von der Länge des betrachteten Fensters abhängige, relative Abweichungen von $Fr \approx 0,089$ bei 50 mm Bahnlänge und $Fr \approx 0,25$ bei 100mm Bahnlänge.

7.2.3 Minimumsbestimmung der genäherten Distanzkurve

Innerhalb des gerade aktuellen Fensters muß das Minimum der angenäherten Distanzkurve ermittelt werden. Hierzu bieten sich zwei Möglichkeiten an.

- Ableiten des Polynoms mit anschließender Nullstellenbestimmung

- Vergleich der einzelnen Punkte.

Die Vergleichsmethode erweist sich am Beispiel als die günstigere Lösung aufgrund verschiedener Nachteile des analytischen Verfahrens, die bei der Nullstellenbestimmung eines Polynoms 4. Grades zu finden sind. Diese Nachteile sind:

- Lange Rechenzeit, besonders bei iterativen Verfahren,

- Rechnen mit komplexen Zahlen ist notwendig, weil konjugiert komplexe Nullstellen auftreten können,

- Nullstellen müssen nicht notwendigerweise innerhalb des betrachteten Fensters liegen.

8   Realisierung

Für die in Bild 8.1 dargestellte Wälzfräsmaschine wurde eine Realisierung einer in die NC integrierten Kollisionsüberwachungseinrichtung nach dem Verfahren der Distanzfeldmethode vorgenommen; die Integration des Verfahrens in ein Programmiersystem ist in /59/ aufgeführt.

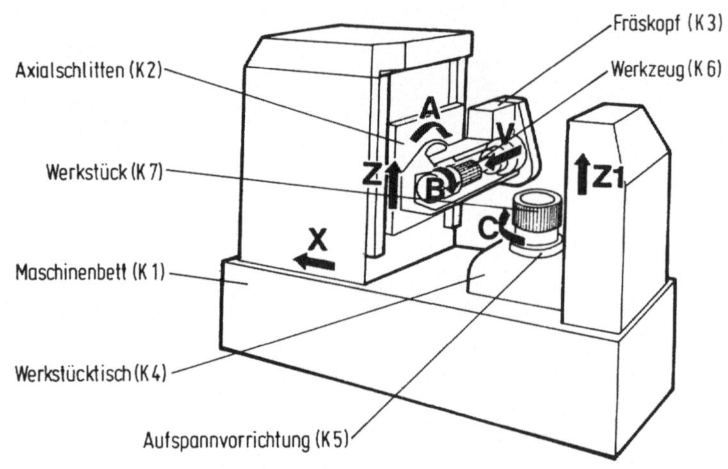

Bild 8.1:   Wälzfräsmaschine

8.1   Analyse von Kollisionsfällen an einer Wälzfräsmaschine

8.1.1   Kollisionsursachen

Die bei der vorgestellten Wälzfräsmaschine vorkommenden Kollisionen sind ausschließlich auf mittelbare (Programmierfehler) und vermeidbare unmittelbare Ursachen (Bedienungsfehler) zurückzuführen. Daraus lassen sich die Mindestaufgaben an die Kollisionsauswertung festlegen:
Kollisionen aufgrund mittelbarer Kollisionsursachen sollen durch eine Meldung am Bedienungsfeld der NC angezeigt werden, bei unmittelbaren Kollisionsursachen erfolgt ein Abschalten der Vorschubantriebe.

8.1.2 **Kollisionen**

Da bei der Wälzfräsmaschine eine Bearbeitung stattfindet, muß untersucht werden, inwieweit technologische Kollisionen zu berücksichtigen sind. Bei der spanenden Fertigung von Zahnrädern werden durch die Schneiden des Werkzeuges die Verzahnung aus dem Rohteil herausgearbeitet. Dabei wird die äußere Form des Rohteiles nicht verändert. In diesem Fall kann die technologische Kollisionserkennung auf eine geometrische zurückgeführt werden, wenn im Falle des Werkzeugeingriffes Werkstück und Werkzeug durch deren Kerndurchmesser, ansonsten durch den Durchmesser der durch die Verzahnung gebildeten äußeren Umhüllenden, beschrieben wird. Die Überwachung technologischer Grenzwerte erfolgt durch Vergleich von Vorschubgeschwindigkeit, Drehzahl und Materialkonstanten mit bekannten Tabellenwerten.

8.1.3 **Kollisionsfälle und Kollisionskörper**

Für die zu realisierende Kollisionsüberwachung sollen zunächst die aus der bisherigen Praxis bekannten Kollisionsfälle berücksichtigt werden.

	K1	K2	K3	K4	K5	K6	K7
K1	—	o	●	o	o	o	o
K2	—	—	o	●	o	o	o
K3	—	—	—	●	●	o	●
K4	—	—	—	—	o	o	o
K5	—	—	—	—	—	●	o
K6	—	—	—	—	—	—	●
K7	—	—	—	—	—	—	—

o nicht zu überprüfender Kollisionsfall

● zu überprüfender Kollisionsfall

— redundanter oder unmöglicher Kollisionsfall

Bild 8.2:   Kollisionsmatrix für eine Wälzfräsmaschine

Das sind mögliche Kollisionen zwischen allen Elementen, die mit der Bewegung der A-Achse der Maschine zusammenhängen, insbesondere der Werkzeuge mit dem Werkstück, der Werkstückaufspannung und dem Maschinentisch. Die Kollisionsfälle werden nach /5/ in einer in Bild 8.2 dargestellten Kollisionsmatrix beschrieben.

Die an einer möglichen Kollision teilhabenden Körper sind in ihrer Form ausreichend genau durch Flächen, Zylinder, Quader und Kegelstümpfe sowie mittels Kombinationen daraus beschrieben. Für die numerische Genauigkeit bei der Körperbeschreibung sind 200µm ausreichend, so daß dieser Wert auch für den Kollisionerkennungsalgorithmus anzusetzen ist.

8.2 Programm- und gerätetechnische Umsetzung

8.2.1 Umsetzung mathematischer Algorithmen

Die in den vorigen Kapiteln vorgestellten Algorithmen zur Kollisionserkennung wurden programmtechnisch in der Programmiersprache "C" /60/ realisiert. Die für die Wälzfräsmaschine relevanten Kollisionskörper sind durch Distanzfeldgleichungen 1. und 2. Ordnung ausreichend genau beschrieben. Bei der Realisierung der internen Darstellung der Kollisionskörper, d.h. Darstellung der Polynomkoeffizienten, erfolgte nach geeigneter Umformung eine Trennung der Gleichungskoeffizienten in solche, die

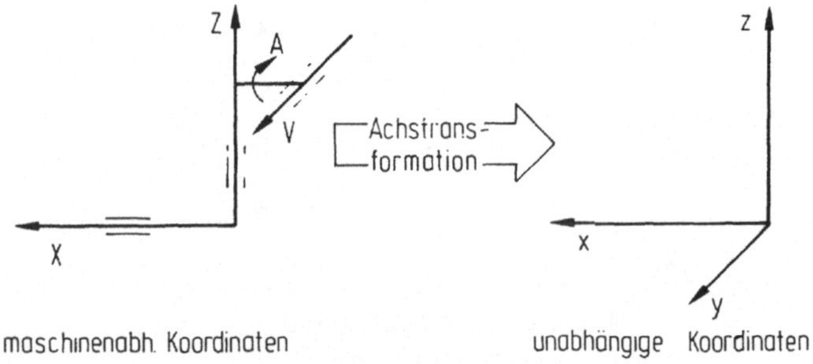

Bild 8.3:   Zusammenhang zwischen Maschinenkoordinatensystem und kartesischem Koordinatensystem

nur von der Geometrie abhängig sind, und in solche, die sich nur bei translatorischen bzw. translatorischen und rotatorischen Bewegungen ändern (s. Bild 8.3). Die Trennung in geometrie- und lageabhängige Koeffizienten ist als Maßnahme zur Rechenzeiteinsparung zu sehen. Die geometrieabhängigen Koeffizienten müssen nur einmal während einer zeitunkritischen Initialisierung ermittelt werden, dagegen sind die lageabhängigen Koeffizienten ständig und entsprechend der programmierten Maschinenbewegungen zu aktualisieren.

Von den sechs numerisch gesteuerten Bahnachsen der Wälzfräsmaschine sind zur Kollisionsüberwachung nur die X-, Z-, V- und A-Achse zu betrachten. Die durch die drei translatorischen Achsen (X-, Z-, V-) und die rotatorische A-Achse verursachten Bewegungen werden durch einen Transformationsmodul in Lage und Orientierung für ein kartesisches, rechtsdrehendes Koordinatensystem transformiert. Zwischen den Koordinatensystemen be-

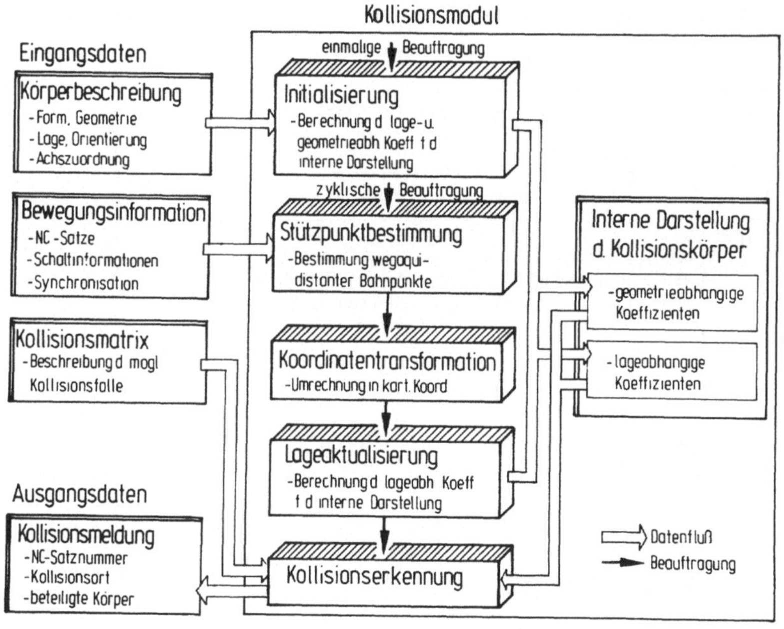

Bild 8.4:   Programmstruktur der realisierten Kollisionserkennung

steht der in Bild 8.3 dargestellte Zusammenhang.

Bei der Berechnung der Distanzen zwischen den in der Kollisionsmatrix beschriebenen Körpern wird zur Minimumsbestimmung der Kollisionsgleichung aufgrund der gegebenen Genauigkeitsanforderungen das Gradientenverfahren eingesetzt. Da alle zur Kollisionsbetrachtung nötigen Körper konvex sind, kann das beschriebene Gradientenverfahren ohne weitere Maßnahmen eingesetzt werden.

Der Verlauf der minimalen Distanz wird jeweils für einen NC-Satz betrachtet. Aus den korrigierten und aufbereiteten Verfahranweisungen werden in einem Stützpunktinterpolator neben Bahnstart- und endpunkt vier weitere, wegäquidistante Stützpunkte bestimmt, für die jeweils die minimale Distanz für alle in der Kollisionsmatrix beschriebenen Kollisionspaarungen bestimmt wird. Bei der anschließenden Distanzanalyse wird pro Kollisionspaarung ein Polynom 5. Ordnung durch die insgesamt sechs berechneten Distanzen interpoliert. Das Minimum dieses Polynoms stellt die minimalste Distanz für eine Kollisionspaarung bei einem NC- Satz dar und

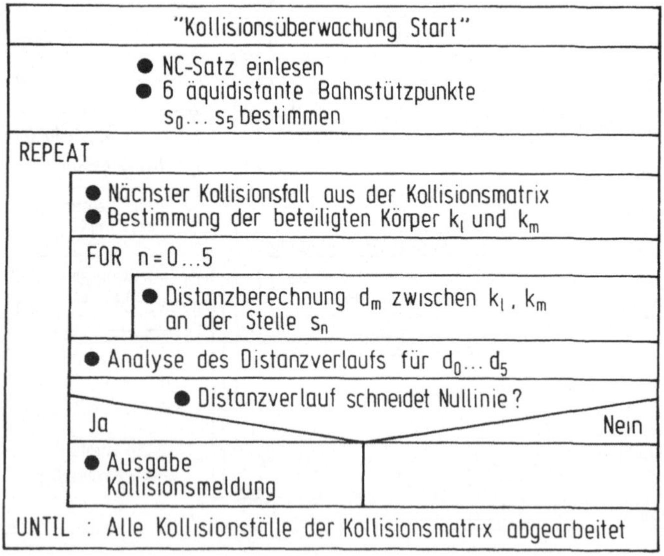

<table>
<tr><td colspan="2">"Kollisionsüberwachung Start"</td></tr>
<tr><td colspan="2">● NC-Satz einlesen
● 6 äquidistante Bahnstützpunkte
   $s_0 \ldots s_5$ bestimmen</td></tr>
<tr><td colspan="2">REPEAT

  ● Nächster Kollisionsfall aus der Kollisionsmatrix
  ● Bestimmung der beteiligten Körper k_l und k_m

  FOR n = 0...5
    ● Distanzberechnung d_m zwischen k_l, k_m an der Stelle s_n

  ● Analyse des Distanzverlaufs für $d_0 \ldots d_5$

  ● Distanzverlauf schneidet Nullinie?</td></tr>
<tr><td>Ja
● Ausgabe Kollisionsmeldung</td><td>Nein</td></tr>
<tr><td colspan="2">UNTIL : Alle Kollisionsfälle der Kollisionsmatrix abgearbeitet</td></tr>
</table>

Bild 8.5:   Ablauf bei der Kollisionsüberwachung

gibt letztlich Aufschluß über eine mögliche Kollision.

Für die Realisierung der Kollisionserkennungsalgorithmen ergibt sich die in Bild 8.4 dargestellte Programmstruktur. Der Ablauf der realisierten Kollisionsüberwachung ist in Bild 8.5 dargestellt.

8.2.2 Beauftragbare Funktionen

Der Modul "Kollisionserkennung" wurde als abgeschlossene und von außen beauftragbare Funktionseinheit erstellt. Der Kollisionserkennungs-Modul kennt insgesamt 5 beauftragbare Funktionen:

Initialisierung:
Bei der Initialisierung werden die internen Variablen, sowie die interne Kollisionselementebeschreibung, d.h. die geometrie- und lageabhängigen Koeffizienten der Distanzfelder, berechnet. Die Eingangsdaten "Kollisionselementebeschreibung" müssen dazu mit gültigen Daten belegt sein.

Kollisionserkennung Start:
Bei der Kollisionsüberwachung werden die an der Eingangsschnittstelle in den Lageinformationen übergebenen Verfahrsätze auf Kollisionsfreiheit überprüft. Dabei werden alle in der Kollisionsmatrix aufgeführten Kollisionsfälle erfaßt. Bei erkannter Kollision erfolgt eine Kollisionsmeldung.

Änderung der Kollisionsfälle in der Kollisionsmatrix:
Der Kollisionserkennungsmodul führt die gerade laufende Bearbeitung zu Ende und wartet in einem definierten Zustand auf eine neue Beauftragung. Während dieser Zeit kann die Kollisionsmatrix aktualisiert werden.

Änderung der Beschreibung eines Kollisionselementes:
Der Kollisionserkennungsmodul wartet in einem definierten Zustand auf die neuen Daten eines Kollisionselementes, um daran anschließend die Daten für die interne Darstellung des Kollisionselementes zu bestimmen.

8.2.3   <u>Einbindung in das bestehende Steuerungssystem</u>

Die datentechnische Integration des Kollisionserkennungsmoduls bezüglich der benötigten Lageinformation erfolgte durch Ankopplung an die Schnittstelle S2 (vgl. 3.3.1 und Bild 3.8 Möglichkeit 1) der aufbereiteten und korrigierten NC-Sätze. Die Gründe hierfür sind in den folgenden Vorteilen der konkreten Realisierung zu finden:

- Der Ausgleich der benötigten Reaktionszeit ist an S2 mit kleiner FIFO-Länge realisierbar

- Wenige Änderungen am bestehenden System bei Einbindung des Kollisionserkennungsmoduls

- On- und Off-line-Kollisionserkennung sind ohne Zusatzaufwand zu realisieren

Die Versorgung des Kollisionserkennungsmoduls mit Geometrieinformationen über die an Kollisionen beteiligten Körper und mit Informationen über die Kollisionsfälle erfolgt aufgrund des geringen Spektrums an Werkstücken, Werkzeugen und Aufspannvorrichtungen vorerst über manuell erstellte und fest abgespeicherte Datenlisten.

Die Kollisionserkennungsfunktion soll für die Betriebsarten Automatik- und Handbetrieb aktiv sein. Für die Kollisionserkennung im Automatikbetrieb ist der an der Schnittstelle S2 vorhandene FIFO mit der Verzögerungszeit t_v ausreichend, um einen wartezeitfreien Automatikbetrieb zu gewährleisten. Bei erkannter Kollision wird die Kollisionsmeldung durch die Steuerungsfunktion "Bedien- und Steuerdaten Ein-/ Ausgabe" auf dem Bedienungsfeld zur Anzeige gebracht und die Antriebe werden abgeschaltet.
Im Handbetrieb wird beim Betätigen einer Richtungstaste durch den Funktionsblock Handsteuerung (Bild 3.8) ein Linear-Satz generiert, der als Startpunkt die aktuelle Lage und als Endpunkt die Arbeitsraumbegrenzung in der durch die Taste vorgegebenen Richtung hat. Die Wahrscheinlichkeit, daß der so erzeugte NC-Satz zur Kollision führt, ist hoch. Es kommt i.a. zu keiner Kollision, weil die Antriebe der Werkzeugmaschine

nur solange verfahren werden wie vom Bediener die Richtungstaste betätigt wird. Bei der funktionalen Integration der Kollisionsüberwachung im Handbetrieb ergibt sich folgender Ablauf: Beim Betriebsartenwechsel in den Handbetrieb erhält die Kollisionserkennung von der Handsteuerung die NC-Sätze, die von der aktuellen Position aus in den Hauptrichtungen möglich sind. Bevor vom Bediener die Richtungstaste betätigt wird, sind von der Kollisionserkennung die möglichen Kollisionsorte bereits errechnet. Mit diesen errechneten Werten werden die programmierbaren Endschalter im Modul "Geometriedatenverarbeitung" gesetzt. Die Antriebe werden dann beim Auffahren auf einen programmierten Endschalter stillgesetzt.

Das gerätetechnische Konzept der modularen, mehrprozessorfähigen Wälzfräsmaschinensteuerung erlaubt eine Implementierung der Kollisionserkennungsalgorithmen auf einer eigens dafür vorgesehenen Mikrorechnerkarte. Die Beauftragung der Kollisionserkennung und die Datenversorgung sowie die Ausgabe der Kollisionsmeldung erfolgt dabei über einen gemeinsamen Übergabespeicherbereich.

8.3 **Ergebnisse**

Die Laufzeitmessungen wurden auf einer 16 bit Mikroprozessorkarte mit dem Mikroprozessor Intel 8086 / 8087 und 5 MHz Systemtakt vorgenommen. Die Laufzeiten wurden für eine vorgegebene Genauigkeit von ca. 100 ... 200µm ermittelt, wobei sich die Gesamtrechenzeit wie folgt zusammensetzt:

- Zur Berechnung der minimalen Distanz zwischen zwei ruhenden Kollisionselementen 2. Ordnung (z.B. Kegelstumpf - Kegelstumpf) ca. 100 ms

- Zur Bestimmung der Koeffizienten des Näherungspolynoms, das den Verlauf der Distanzkurve annähert, ca. 58 ms

- Zur Bestimmung des Minimums des Näherungspolynoms ca. n x 0,5 ms (n ist die Anzahl der Punkte, mit der die Raumkurve s aufgelöst wird; n = Bahnlänge / Genauigkeit)

120

Da beim realisierten Verfahren zusammenhängende Verfahrsätze betrachtet werden, können Gesamtrechenzeiten nur bei Angabe konkreter Bahnlängen bestimmt werden. Ausgegangen werden soll zunächst von einem NC-Satz mit einer Bahnlänge von 50mm, der mit einer Genauigkeit von 200μm zu betrachten ist. Damit ergibt sich die Gesamtrechenzeit zur Kollisionserkennung entlang dieses NC-Satzes zu:

6 * 100ms = 600 ms		(Minimale Distanz an 6 Stützstellen)
	58 ms	(Koeffizientenbestimmung f. das Näherungspolynom)
	125 ms	(Minimumsuche bei der angenäherten Distanzkurve bei einer Bahn von 50mm Länge und einer Auflösung von 0,2mm)

Summe   ca.   780 ms

Besteht das Bahnintervall aus 500 interpolierten Bahnstützpunkten, dann ergibt sich eine mittlere Kollisionsüberwachungszeit von 780 ms/500 =

Zahl d. in NC interpol Pkte.	200	200	500	500	1000	1000	2000	2000	4000
Bahngeschw. [m/min]	4	0,5	4	0,5	4	0,5	4	0,5	0,5
ges. Bahnlänge [mm](5ms Takt)	66,6	8,3	166	20	333	41	666	83	166
gesamte Verfahrdauer [s]	1,0	1,0	2,5	2,5	5,0	5,0	10,0	10,0	20,0
ges Uberwachungszeit [s]	0,74	0,67	0,85	0,68	1,05	0,7	1,45	0,75	0,85
mittl. Uberwachungszeit/ Interpol.takt[ms]	3,7	3,3	1,7	1,4	1,1	0,7	0,7	0,37	0,21

Tabelle 8.1:   Beispiele für die mittlere Kollisionsüberwachungszeit bei verschiedenen Bahnlängen und Bahngeschwindigkeiten

1,56 ms pro Bahnstützpunkt. Werden längere Bahnen betrachtet, z.B. mit 1000 Bahnstützpunkten, ergeben sich entsprechend kürzere Rechenzeiten. Weitere Beispiele sind in Tabelle 8.1 aufgeführt.

Vergleicht man bekannte Realisierungen /5/, die auf identischer Gerätetechnik basieren, dann ergeben sich dort für die Kollisionserkennung von statischen Körpern Rechenzeiten zu :

       Zylinder - Zylinder ca: 11 ms
       Kegelstumpf - Kegelstumpf gemittelt ca: 220 ms

Eine vergleichende Aussage erhält man, wenn man wiederum zusammenhängende Verfahrwege betrachtet. Dabei soll zunächst die weiterführende Strategie der zweistufigen Kollisionserkennung mittels orthogonalem Hüllquader unberücksichtigt bleiben. Die Gesamtrechenzeit läßt sich dann aus n x Kollisionserkennungszeit (statisch); n = Bahnlänge / Genauigkeit). Bei o.g. Verfahrweg von 50mm und 0,2mm Genauigkeit erhält man

       Zylinder - Zylinder   250 x 11 ms = 2750 ms
       Kegelstumpf - Kegelstumpf   250 x 220 ms = 55000 ms

verglichen mit 780 ms Gesamtrechenzeit des entwickelten Verfahrens.

Das hier vorgestellte Verfahren erfüllt demnach die Abschnitt 2.4 genannten Anforderungsschwerpunkte an eine On-line-Kollisionserkennung.

Bei der Übertragung dieser On-line-Kollisionserkennung auf andere Fertigungseinrichtungen, insbesondere solche, bei denen die Anforderungen an die Rechenzeiten, bedingt durch höhere Verfahrgeschwindigkeiten und mehr zu berücksichtigende Kollisionsfälle, höher liegen, sind folgende Maßnahmen zur Verküzung der Kollisionserkennungszeit anwendbar.

- Wenn möglich eine Reduzierung der geforderten Genauigkeit.

- Einsatz einer leistungsfähigeren Gerätetechnik, insbesondere
  durch die Verwendung von Mikroprozessoren der neuesten Generation, die nach Herstellerangaben gegenüber der hier verwen-

deten eine Leistungssteigerung um den Faktor 20 ... 50 erwarten lassen.

- Die Gesamtaufgabe, **mehrere** Kollisionsfälle zu untersuchen, kann in die völlig voneinander entkoppelten Teilaufgaben zur Untersuchung jeweils **eines** Kollisionsfalles unterteilt werden. Damit ist die Gesamtaufgabe besonders zur Realisierung auf Parallellrechnersystemen geeignet. Auf die zu bearbeitenden Kollisionsfälle bezogen kann mit einem mit der Prozessorzahl linearen Anstieg der Verarbeitungsgeschwindigkeit gerechnet werden.

9   Zusammenfassung

Die Kollisionsvermeidung an Fertigungseinrichtungen ist eine Funktion, die zur Erhöhung der Sicherheit und der Wirtschaftlichkeit wesentlich beiträgt.

Von den möglichen prinzipiellen Verfahren zur Kollisionsüberwachung an Fertigungseinrichtungen, nämlich der grafischen Simulation, dem Einsatz geeigneter Sensoren und der rechnerischen Kollisionsüberwachung in einem mathematischen Modell erfüllt nur die Letztere z.Zt. die Anforderungen an Geschwindigkeit, Kostenaufwand und Funktionalität.

Der Großteil der Kollisionsursachen ist durch die unmittelbaren Ursachen gegeben, die nur durch eine maschinennahe On-line-Kollisionsüberwachungsfunktion erkannt und vermieden werden können. Mathematische Verfahren zur Kollisionsüberwachung sind deshalb derart zu entwickeln, daß sie zur Realisierung einer integrierten Steuerungsfunktion geeignet sind. Dabei sind die begrenzten Möglichkeiten der dort vorhandenen Gerätetechnik zu berücksichtigen.

Die Gesamtfunktion einer mathematischen Kollisionsüberwachung wird im wesentlichen durch die Festlegung eines geeigneten, rechnerinternen Modells für die Geometrien kollidierender Körper beeinflusst. Bei dem hier entwickelten Verfahren nach der Distanzfeldmethode erfolgt die Beschreibung von Geometrien durch skalare und vektorielle Felder. Diese Darstellung repräsentiert ein Volumenmodell, wobei ausschließlich die Belange für die mathematische Kollisionsbetrachtung berücksichtigt werden. Eine Eignung dieses Verahrens zum Einsatz in CAD-Systemen oder zur Aufbereitung grafischer Daten ist deshalb nicht gegeben.

Der Vorteil dieser Darstellung liegt aber in der Einfachheit und Universalität der Algorithmen. Körper mit komplexen Oberflächen und deren mögliche Kollisionen sind durch einfache Polynomgleichungen darstellbar und damit für einen Realisierung auf Mikrorechnersystemen besonders geeignet. Ein weiterer Vorteil dieses Verfahren besteht in der Möglichkeit der einfachen Ermittlung von Ausweichrichtungen und der Berechnung eines Maßes für die minimale Distanz zwischen zwei beliebigen Körperoberflächen. Dies erlaubt wiederum eine Analyse des Verlaufs der minimalen Distanz zwischen zwei bewegten Körpern und letztlich eine Einsparung an Rechenzeit.

Mit dem erfolgreichen Einsatz in der numerischen Steuerung einer Wälzfräsmaschine konnte hier ein Verfahren vorgestellt werden, das aufgrund seiner Allgemeingültigkeit von großer Bedeutung für weitere Fertigungstechnologien ist.

10   <u>Schrifttum</u>

/1/ Pritschow, G.:   Die flexible Fertigungszelle - Chance   und Herausforderung für den mittelständischen Betrieb. Schriftl. Fassg. der Vorträge zum Fertigungstechnischen Kolloquium. 10./11. Oktober 1985 in Stuttgart, S. 48 - 57, Springer-Verlag.

/2/ Goldschmidt, H.:   System Drehmaschine mit Schwerpunkt auf Veränderungen einer Grundmaschine durch Materialflußeinrichtungen.
wt-Z.ind. Fertig. 73 (1983) 3, S.151 - 155.

/3/ Storr, A.:   Programmieren von NC-Maschinen.
wt-Z.ind. Fertig. 73 (1983) 1, S. 20 - 39.

/4/ Streifinger, E.:   Beitrag zur Sicherung der Zuverlässigkeit und Verfügbarkeit moderner Fertigungsmittel unter Berücksichtigung von Kollisionen im Arbeitsraum. Dr.-Ing. Diss. TU München (1983).

/5/ Frank, H.:   Programmier- und Überwachungsfunktionen für teileartbezogene NC-Werkzeugmaschinen.
Berlin, Heidelberg, New-York, Tokyo: Springer-Verlag (1986).

/6/ Streckfuß, G.:   Vorteile graphischer Systeme für die maschinelle NC-Programmierung.
tz f. Metallverarbtg. 74 (1980) 10, S.39 -46.

/7/ Walter, W.
Lederer, R.:   Ausbau eines Programmiersystems zur Dialogfähigkeit.
wt-Z.ind. Fertig. 74 (1984) 12, S. 743 - 746.

/8/   Siemens 810 T Bedienungsanleitung

/9/ Herrscher, A.,   Grafische Simulation von Doppelschlittenbearbei-
    Weser, A.,   tungen auf Drehmaschinen.
    Kayser, K.H.,   wt-Z.ind. Fertig. 75 (1985) 6, S. 363 - 366.
    Scheifele, D.:

/10/ Schmidt, W.:   Grafikunterstütztes Simulationssystem für kom-
                         plexe Bearbeitungsvorgäne in numerischen Steue-
                         rungen. Berlin, Heidelberg, New-York, Tokyo:
                         Springer-Verlag (1988).

/11/ Müller, P.   Maschinennahe 3D-Simulation von Bearbeitungsvor-
     Baeck, B.   gängen.
     Schmidt, W.:   wt-Z.ind. Fertig. 75 (1985) 6, S. 363 - 366.

/12/ Potthast, A.:   Dynamische Simulation des Bearbeitungsvorganges
                        bei numerisch gesteuerten Drehmaschinen.
                        München, Wien: Hanser-Verlag (1985).

/13/ Hammer, H.   Grafisch dynamische Simulation für die Bohr- und
     Potthast, A.:   Fräsbearbeitung. ZwF 80 (1985) 9, S. 372 - 378.

/14/ Schreiter, P.:   Kollisionsschutzeinrichtungen an numerisch ge-
                       steuerten Werkzeugmaschinen.
                       Werkstatt und Betrieb 117 (1984) 8.

/15/ Nicolaisen, P.:   Entwickeln problemangepasster Sicherheitsein-
                       richtungen - Beispiel Industrieroboter.
                       HGF-Kurzberichte (Lose-Blatt-Sammlung), Blatt
                       80/46, Essen: Girardet-Verlag (1980).

/16/ Felten, K.:   Sicherheitseinrichtungen an NC-Drehmaschinen.
                       Werkstatt und Betrieb 112 (1979) 8.

/17/ Zorkany, H.I.,   Automatic sensor-based corrections in the pro-
     Tondu, B.:   gramming of robot trajectories. Proc. of the 6th
                       Int. Conf. on Robot Vision and Sensory Controls.
                       Heidelberg, New-York, Tokyo: Springer (1986).

/18/ Stute, G.,   Verfahren zur Auffahrsicherung bei Schleifma-
     Kohler, P.:   schinen und Vorrichtungen hierzu.
                       Offenlegungsschrift DE 3118 065 A1, Akt.z P3118
                       065,5, Offenlegung 25.11.82. DPA München.

/19/ Pritschow, G.   Entwicklungstendenzen maschinennaher Bearbei-
     Spur, G.   tungssimulation. In: Simulationstechnik in der
     Weck, M.:   Fertigung. München, Wien: Hanser-Verlag (1986).

/20/ Sielaff, W.:   Kollisionskontrolle und Zwischenraumzerspanung
                       beim fünfachsigen NC-Umfangfräsen von Werk-
                       stücken mit verwundenen Regelflächen
                       HGF-Kurzberichte (Lose-Blatt-Sammlung), Blatt
                       80/65, Essen: Girardet-Verlag (1980).

/21/ Diedenhoven, H.: CAD-Volumenmodelle zur Berechnung kollisions-
                       freier Positionierwege für die fünfachsige NC-
                       Maschinen. CAD/CAM 3 S. 62 - 67 (1985).

/22/ Schöling, H.:   Beschreibungssystem für die Kollisionskontrolle
                       im System ROBEX.
                       HGF-Kurzberichte (Lose-Blatt-Sammlung), Blatt
                       83/16, Essen: Girardet-Verlag (1983).

/23/ Pilland, U.:   Eine wirtschaftliche Echtzeitkollisions kontrol-
                       le für Drehmaschinen.
                       Industrie-Anzeiger 108 (1986) 12, S. 38 - 39.

/24/ Weck, M.,   Kollisionsvermeidung bei Industrierobotern.
     Stöck, H.P.:   VDI-Z. Bd. 127 (1985) 3.

/25/ Weck, M.,   Sensorloses Kollisinsschutzsystem für Werkzeug-
     Pascher, M.:   maschinen.
                       Industrie-Anzeiger (1987) 8, S. 10 - 14.

/26/ Freund, E.,   Automatische Bahnbestimmung für Mehrroboter-
     Hoyer, H.:   systeme. VDI - Berichte 598 (1986).

/27/ Popken, W.:   Steuerung von flexiblen Fertigungszellen für die
                      Drehbearbeitung mit dezentralen Mehrrechnersy-
                      stemen. Reihe Produktionstechnik - Berlin 26.
                      München, Wien: Hanser Verlag (1981).

/28/ Lederer, R.:   Programmieren von NC-Drehmaschinen mit mehreren
                      Werkzeugschlitten.
                      Berlin, Heidelberg, New-York, Tokyo: Springer-
                      Verlag (1988).

/29/ Daßler, R.   Geometrisches Modellieren und seine Weiterent-
     Germer, H.-J.:   wicklung. ZwF 80 (1985) 5.

/30/ Eigner, M.   Einstieg in CAD: Lehrbuch für CAD-Anwender.
     Maier, H.:   München, Wien: Hanser-Verlag (1985).

/31/ Storr, A.,   CAD/NC-Programmiersysteme-Kopplung - Probleme
     Zirbs, J.:   und deren Lösung.
                      tz f. Metallverarbtg. 81 (1987) 1, S.33 -37.

/32/ Grabowski, H.,   CAD/CAM-Schnittstellenproblematik für den Anwen-
     Anderl, R.,   der.
     Glatz, R.:   wt-Z.ind. Fertig. 76 (1986) 4, S. 212 - 218.

/33/ Spur, G.   CAD-Technik, Lehr- und Arbeitsbuch für die Rech-
     Krause, L.-F.:   nerunterstützung in Konstruktion und Arbeitspla-
                      nung. München, Wien: Hanser-Verlag, (1984).

/34/ Samet, H.:   Bintrees, CSG Trees and Time.
                      Computer Graphics (1985) 19, S. 121 - 130.

/35/ Faux, I.D.,   Computational Geometry for Design and Manu-
     Pratt, M.J.:   facture. New York, Chichester, Brisbane, Toron-
                      to, John Wiley & Sons, (1979).

/36/ Müller, G.:   Rechnerorientierte Darstellung beliebig geform-
                      ter Bauteile. München: Hanser-Verlag, (1980).

/37/ Bezier, P.: The mathematical basis of the UNISURF CAD-System
                 Butterworth & Co.Ltd., London, (1986).

/38/ Tilove, R.B.: A null-object detection algorithm for construc-
                    tive solid geometry. Communications of the ACM
                    27, 7 (1984) S. 684 - 694.

/39/ Comba, P.G.: Intersection Detection in three Dimensions. A
                   tool for Computer aided Engineering and graphic
                   display. Triangle Universities Computation Cen-
                   ter. Research Triangle Park N.C. 27709 (1967).

/40/ Anderson, R.O.: Detecting and Eliminating Collisions in NC Ma-
                      chining. Computer Aided Design (1978) Vol. 10,
                      S. 231 - 237.

/41/ Haberäcker, P.: Grundlagen der digitalen Bildverarbeitung.
                      VDI-Bildungswerk, BW 6509 (1986).

/42/ Lee, Y., Algorithms for Computing the Volume and Other
     Requicha, A.A.G.: Integral Properties of Solids. II. A Family of
                        Algorithms Based on Representation Conversion
                        and Cellular Approximation. Communications of
                        the ACM (1982) Vol. 25, S. 642 - 650.

/43/ Requicha, A.A.G., Solid Modelling: A Historical Summary and
     Voelcker, .B.: Contempary Assessment. IEEE Computer Graphics
                     and Applications (1982) Vol. 2, S. 9 - 24.

/44/ Ayala, D., Object Representation by Means of Nonminimal Di-
     Brunet, P., vision Quadtrees and Octrees.
     Juan, R., ACM Transactions on Graphics (1985) Vol. 4,
     Navazo, I.: S. 41 - 59.

/45/ Doctor, L.J., Display Techniques for Octree-Encoded Objects.
     Torborg, J.G.: IEEE Computer Graphics and Applications (1981)
                     Vol. 1, S. 29 - 38.

/46/ Oliver, M.A.,   Operations on Quadtree Encoded Images.
     Wiseman, N.E.:   The Computer Journal (1983) Vol. 26, S. 83 - 91.

/47/ Tamminen, M.,   Ray-Casting and Block Model Conversion Using a
     Karonen, O.,   Spatial Index. Computer Aided Design (1984)
     Mäntyli, M.:   Vol. 16, S. 203 - 208.

/48/ Kunii, T.L.,   Generation of Topological Boundary Representati-
     Satoh, T.:   ons from Octree Encoding. IEEE Computer Graphics
                       and Applications (1985) Vol. 5, S. 29 - 38.

/49/ Cameron, S.:   Modelling Solids in Motion.
                       PhD Thesis, University of Edinburgh, 1984.

/50/ Stobart, R.K.:   Collision Detection for the off-line Programming
                       of Robots. IFIP Working Conference on Off-line-
                       programming of Industrial Robots. Stuttgart, Fe-
                       deral Republic of Germany, June 2-3, (1986).

/51/   Kleine Enzyklopädie Mathematik.
                       Thun & Frankf./M.: Verlag Harri Deutsch (1980).

/52/ Lehner, G.:   Theorie der Felder und Wellen, Teil 1. Vorle-
                       sungsband. Stuttgart: Institut für Theorie der
                       Elektrotechnik.

/53/ Bronstein, I.   Taschenbuch der Mathematik.
     Smendjajew, K.:   Thun: Verlag Harri Deutsch (1969).

/54/ Entenmann, W.:   Optimierungsverfahren in der Nachrichtentechnik.
                       ntz Bd. 35 Heft 9 u. ff, S. 599 ... (1982).

/55/ Jordan-Engeln, G., Numerische Mathematik für Ingenieure.
     Reutter, F.:   Mannheim, Wien, Zürich: Bibliografisches Insti-
                       tut - Wissenschaftsverlag (1982).

131

/56/ Fletcher, R.,   A rapidly convergent descent method for minimi-
     Powell, M.J.D.:   zation. Comp. J. 6, S. 155 ... 162 (1963).

/57/ Powell, M.J.D.:   An efficient Method for finding the minimum of a
                          function of several variables without calcula-
                          ting derivatives. Comp. J. 7, S. 155 ... 162
                          (1964).

/58/ Schenk, R.:   Lineares Suchverfahren zur Parameter optimierung
                          digitaler Regler. Regelungstechnik 28. Jahrg.
                          Heft 9, S. 299 ... 304 (1980).

/59/ Pritschow, G.,   Konzept zur Kollisinsüberwachung bei der NC-
     Zirbs, J.:   -Programmierung komplexer Oberflächen.
                          Industrie-Anzeiger 39 (1988), S. 32 - 33.

/60/ Kernighan, B.;   Programmieren in C.
     Ritchie, W.   München: Hanser Verlag (1983).

ISW Forschung und Praxis

Berichte aus dem Institut für Steuerungstechnik der Werkzeugmaschinen und Fertigungseinrichtungen der Universität Stuttgart

Herausgegeben bis Band 57 von Prof. Dr.-Ing. G. Stute †
ab Band 58 Prof. Dr.-Ing. G. Pritschow

50 W. Runge, Simulation des dynamischen Verhaltens elektrohydraulischer Schaltungen – Einsatz von geräteorientierten, universellen Simulationsbausteinen, 132 S., 1984

51 H. Steinhilber, Planung und Realisierung von Werkzeugversorgungssystemen für die NC-Bearbeitung, 126 S., 1984

52 R. Ohnheiser, Integrierte Erstellung numerischer Steuerdaten für flexible Fertigungssysteme, 115 S., 1984

53 M. Keppeler, Führungsgrößenerzeugung für numerisch bahngesteuerte Industrieroboter, 125 S., 1984

54 P. Kohler, Automatisiertes Messen mit NC-Werkzeugmaschinen, 129 S., 1985

55 K.-H. Rieger, Rechnerunterstützte Projektierung der Hardware und Software von speicherprogrammierten Steuerungen, 123 S., 1985

56 G. Vogt, Digitale Regelung von Asynchronmotoren für numerisch gesteuerte Fertigungseinrichtungen, 126 S., 1985

57 S. Chmielnicki, Flexible Fertigungssysteme – Simulation der Prozesse als Hilfsmittel zur Planung und zum Test von Steuerprogrammen, 120 S., 1985

58 W. Renn, Struktur und Aufbau prozeßnaher Steuergeräte zur Verkettung in flexiblen Fertigungssystemen, 137 S., 1986

59 K. Harig, Quantisierung im Lageregelkreis numerisch gesteuerter Fertigungseinrichtungen, 113 S., 1986

60 H. Frank, Programmier- und Überwachungsfunktionen für teileartbezogene NC-Werkzeugmaschinen, 115 S., 1986

61 H. Möller, Integrierte Überwachungs- und Diagnose-Systeme für numerische Steuerungen, 131 S., 1986

62 H. Fink, Einsatz speicherprogrammierbarer Steuerungen in der Fertigungstechnik, 126 S., 1986

63 J. Fleckenstein, Zustandsgraphen für SPS – Grafikunterstützte Programmierung und steuerungsunabhängige Darstellung, 139 S., 1987

64 E. Wagner, Steuerungen von Koordinatenmeßgeräten mit schaltenden und messenden Tastsystemen, 133 S., 1987

65 W. Grimm, Diagnosesystem für steuerungsperiphere Fehler an Fertigungseinrichtungen, 143 S., 1987

66 W. Swoboda, Digitale Lageregelung für Maschinen mit schwach gedämpften schwingungsfähigen Bewegungsachsen, 141 S., 1987

67 G. Gruhler, Sensorgeführte Programmierung bahngesteuerter Industrieroboter, 119 S., 1987

68 B. Walker, Konfigurierbarer Funktionsblock Geometriedatenverarbeitung für numerische Steuerungen, 125 S., 1987

69 J. Mayer, Werkzeugorganisation für flexible Fertigungszellen und -systeme, 126 S., 1988

70 R. Lederer, Programmierung von NC-Drehmaschinen mit mehreren Werkzeugschlitten, 120 S., 1988

71 G. Häberle, NC-Musterprogrammierung für die rechnerintegrierte Textilfertigung, 127 S., 1988

72 D. Pfeiffer, Kompensation thermisch bedingter Bearbeitungsfehler durch prozeßnahe Qualitätsregelung 135 S., 1988

73 W. Schmidt, Grafikunterstütztes Simulationssystem für komplexe Bearbeitungsvorgänge in numerischen Steuerungen, 141 S., 1988

74 M. Egner, Hochdynamische Lageregelung mit elektrohydraulischen Antrieben, 147 S., 1988

75   W. Schittenhelm, Konfigurierbares Bedienungssystem für Steuerungen an Fertigungseinrichtungen, 136. S., 1988

76   D. Scheifele, Grafisch dynamische Simulation des Bearbeitungsvorgangs für
Doppelschlittendrehmaschinen, 121 S., 1988

77   G. Keuper, Automatisierte Identifikation der Streckenparameter servohydraulischer
Vorschubantriebe, 152 S., 1989

78   K.-H. Kayser, Kollisionserkennung in numerischen Steuerungen mit der Distanzfeldmethode, 131 S., 1989